水利枢纽建设三维动态可视化管理

The Three-Dimension Dynamics Visual Management of Water Control Project

耿　敬　李明伟　耿贺松　张　洋　著

哈尔滨工程大学出版社

内容简介

本书在总结作者多年水利研究的基础上,对水利枢纽建设三维动态可视化管理中的总体设计框架、关键技术、实施方案、模块设计做了较为深入、完善的论述和探讨。

本书分为上、下两篇。上篇对施工动态可视化管理概述与总体框架设计、施工动态可视化管理、施工进度动态管理及过程仿真、施工可视化管理辅助系统关键技术等方面进行深入的探讨和详尽的论述。下篇主要是论述了施工动态可视化管理模块设计与应用,讨论了施工可视化管理模块、施工进度管理模块、施工过程仿真及安全质量管理模块、施工动态可视化管理辅助系统设计方法与实现技术路线,最后基于 B/S 结构体系介绍了依兰航电枢纽建设三维动态可视化管理系统的使用内容与操作流程。

本书可供各级水利工程设计、管理、建设单位和职能管理部门工作人员,计算机与 GIS 应用研究人员阅读,也可供大专院校水利、环境、计算机、GIS 等及专业教师、研究生、高年级学生参考。

图书在版编目(CIP)数据

水利枢纽建设三维动态可视化管理/耿敬等著. —哈尔滨:
哈尔滨工程大学出版社,2017. 3
ISBN 978 - 7 - 5661 - 1470 - 9

Ⅰ.①水… Ⅱ.①耿… Ⅲ.①水利枢纽 – 水利工程管理 Ⅳ.①TV6

中国版本图书馆 CIP 数据核字(2017)第 038112 号

选题策划 史大伟
责任编辑 雷 霞
封面设计 博鑫设计

出版发行 哈尔滨工程大学出版社
社　　址 哈尔滨市南岗区东大直街 124 号
邮政编码 150001
发行电话 0451 – 82519328
传　　真 0451 – 82519699
经　　销 新华书店
印　　刷 黑龙江龙江传媒有限责任公司
开　　本 787 mm × 1 092 mm　1/16
印　　张 10.5
字　　数 261 千字
版　　次 2017 年 3 月第 1 版
印　　次 2017 年 3 月第 1 次印刷
定　　价 40.00 元
http://www.hrbeupress.com
E-mail:heupress@ hrbeu.edu.cn

前　　言

　　水利工程的三维可视化已经成为水利工程建设管理过程中的有效手段,也是实现我国水利工程建设精细化管理的重要途径。水利三维可视化,是设计条件、设计建模、计算分析过程及成果设计的可视化。三维可视化管理方法可帮助用户快速优化施工方案,为管理者、决策者、施工者提供重要决策支撑。

　　施工动态可视化管理涉及水利水电设计技术、施工管理技术、计算机技术、软件集成技术及数字化监控技术等多项技术,是一项多学科、多领域互相交叉、互相融合的复杂系统工程。同时将 GIS 合理地应用到水利工程领域,充分地提高信息系统的分布性、有效性和系统性,使得整个水利工程管理过程能够实现有效的集成,提高水利枢纽工程的信息化管理水平及安全运行能力,实现施工过程的精细化管理。

　　本书作者在总结多年水利工程规划、设计、建设管理研究,以及基于 GIS 的水利工程三维可视化开发研究成果的基础上,全面系统地论述了水利工程三维可视化信息管理建设的总体框架、关键技术和模块设计等内容。全书共 9 章,分为三维动态可视化管理总框架与关键技术和施工动态可视化管理模块设计及应用上、下两篇。

　　上篇对施工动态可视化管理必要性,研究现状,技术基础与总体框架设计规划,地形及枢纽建筑物的数据采集,三维水利枢纽建筑物可视化,GIS 工程动态可视化,水利枢纽二、三维交互式集成等实现方法,施工动态可视化管理关键技术,施工进度动态管理及过程仿真关键技术,施工可视化管理辅助系统关键技术等方面进行了系统论述,为下篇的设计与应用奠定理论基础及必要的技术储备。

　　下篇主要论述了施工动态可视化管理模块设计与应用,介绍了施工可视化管理模块、施工进度管理模块、施工过程仿真及安全质量管理模块、施工动态可视化管理辅助系统设计方法与实现技术路线,最后基于 B/S 结构体系,以依兰航电枢纽建设三维动态可视化管理系统为例,阐述了三维动态可视化管理系统的使用内容与操作流程。

　　本书融理论性与实践性于一体,内容丰富、论证严谨、图文并茂、实用性强,对 GIS 地理信息系统和施工可视化管理系统的研究、开发具有很好的参考价值。本书可供各级水利工程设计、管理、建设单位和职能管理部门工作人员,计算机与 GIS 应用研究人员阅读,也可供大专院校水利、环境、计算机、GIS 等专业教师、研究生、高年级学生参考。

　　本书由耿敬、李明伟、耿贺松、张洋合著。在成书过程中陈志远、郑天驹、王剑伦、王文龙、牛新宇、马世领、刘永超、张娜、徐前、朱睿、李琛、马松及薛蓉等同志在项目实例组织、资料整理、程序代码调试方面做了大量的工作,在此表示感谢。

　　本书研究成果得到了国家自然科学基金(51509056)、交通运输部信息化科技项目

(2014364554050)、黑龙江省水利厅科技项目(SLKYG2015－923)、中国博士后科学基金特别资助(2016T90271),以及多个工程应用项目的资助支持,在此一并表示感谢。

　　由于作者水平有限,书中错误和疏漏在所难免,恳求各位专家、同行不吝赐教,也诚请广大读者提出宝贵意见。

著　者

2017 年 1 月

目　　录

上篇　三维动态可视化管理总框架与关键技术

下篇　施工动态可视化管理模块设计及应用

上篇　三维动态可视化管理
总框架与关键技术

第1章 施工动态可视化管理概述及总框架设计

1.1 施工动态可视化管理概述

施工组织管理作为水利枢纽工程建设的一个重要组成部分,对工程建设起着重要的作用,是工程建设的一个关键环节,同时也是水利枢纽工程建设施工学科的一个重要组成部分,而水利枢纽工程施工现场监管又是水利枢纽工程施工组织管理中的重要内容,施工组织管理水平的高低直接影响施工技术水平的发挥和施工效率的提高。采用科学有效的设计方法充分预见工程的实际施工过程,直观清楚地描述复杂的施工动态过程,是提高工程施工组织设计和施工管理水平的关键。因此,寻求新的技术和计算机辅助设计的方法,实现施工组织设计的数字化、可视化、智能化是未来该领域发展的重要方向。

本文将施工动态管理技术应用于工程施工管理系统的研究中,提出基于 GIS 的水利枢纽施工三维动态可视化仿真技术,来描述和分析复杂工程施工监管过程。该过程以基于数字化的直观可视化为出发点,呈现复杂施工过程中各施工单元时空上的逻辑关系,从而揭示施工系统内部动态行为特征,进一步实现施工总体布置的全过程三维动态演示,不仅能直观显示组织设计、施工的成果,而且为全面、准确、快速地分析和掌握施工全过程,以及进行多方案比较提供了有力的辅助分析工具,将有利于实现工程施工的精细化管理。

1.2 水利枢纽施工动态可视化管理的作用和意义

水利枢纽施工动态可视化管理有助于推动水利水电工程设计向数字化、可视化、智能化方向发展。同时,本文结合 GIS 技术,在数字化基础上反映工程施工动态过程的可视化研究,不仅是一个新的尝试,而且由于涉及"数字水利"所涵盖的工程信息数字化与可视化技术,从而构成了"数字水利"研究的一个重要组成部分。

1.2.1 经济效益

施工动态可视化管理涉及水利水电设计技术、施工管理技术、计算机技术、软件集成技术及数字化监控技术等,同时涉及表现施工网络计划全程动态情况的可视化系统。施工动态可视化管理是一项多学科、多领域互相交叉、互相融合的一项复杂系统工程,可有效提高水利枢纽工程的信息化管理水平以及水利枢纽工程的安全运行能力。

水利枢纽工程施工管理是一项十分复杂的工作。水利枢纽可视化施工管理可提高工程施工监管的质量和实效性,特别是对突发事件进行应急处理的反应速度和能力得到大幅度提高,不仅为施工总布置设计与决策提供一个科学简便、形象直观的可视化分析手段,推动水利枢纽工程施工监管工作的智能化、现代化,而且还可带来显著的经济效益,具有重要的推广应用价值。

1.2.2　社会效益

水利枢纽施工动态可视化管理不仅有可观的经济效益,而且还有巨大的社会效益。水利枢纽的问题如果解决得不好,对所属航道的航运安全,对水力发电装置的正常工作,乃至对两岸的工业生产、居民正常生活都会产生巨大的负面影响。水利枢纽工程是一项多功能的,综合利用水资源的工程,具有明显的经济效益和社会效益,对国民经济的贡献是多方面的。工程效益主要有可以增加国内生产总值(GDP)、航运效益、改善水环境效益、交通效益、发电效益、养鱼效益,其次是提高沿江现有灌区及城市供水保证率和减少年运行费用,以及增加生态环境效益、旅游效益等社会效益。

在为社会经济服务方面,水利枢纽可视化仿真系统是对工程施工场地在施工期间进行的空间规划,它是根据施工场地的地形、地貌、水文、地质、气象、枢纽及永久建筑物布置等,为满足施工期间的分期、分区、分标的方案要求,加快工程施工进度和降低工程造价,保证工程施工安全及工程质量等要求而创造的环境条件。分析施工总布置主要建筑物施工全过程,在此基础上协调各建筑物施工之间的关系,进一步实现施工总布置的全过程三维动态演示,不仅能直观显示施工总布置施工组织设计的设计成果,而且将有利于辅助工程施工总布置的决策及管理,提高施工组织设计效率及施工管理水平。

施工动态可视化管理技术奠定了各企事业单位在水利水电领域新产品开发以及海内外市场开拓的坚实基础,有利于提高各合作方进行施工可视化动态管理水平。

1.3　施工动态可视化管理研究进展

水利枢纽工程施工动态可视化管理,涉及 GIS 技术、系统仿真、三维建模技术、可视化技术、4D 管理技术等,其实现过程非常复杂。尽管国内外在此方面已有较多研究,而且已经发展到利用面向对象技术和三维仿真技术来实现一定意义上的可视化仿真,但由于施工总布置过程非常复杂,各地区的施工条件差异较大,对其进行研究有较大难度,所以,关于施工总布置的仿真及施工监管的研究述及较少。

1.3.1　三维建模技术及其应用

三维模型就是使用点、线、面等要素将事物构造出来,经过后期处理后通过计算机或者其他视频设备进行输出。三维模型不仅可以显示现实世界客观存在的实体,也可以显示虚拟想象的事物。从理论上来说,自然界的任何真实实体都可以使用三维模型显示。三维模型作为点、线、面等信息的集合体,可以利用专业的三维建模软件生成,也可以按照一定的规则、标准利用计算机自动生成。三维模型最早应用于制作三维图形动画。目前,三维模型已经应用于不同的领域:在电影动画产业中,利用制作的三维模型来表示人物、物体和现实场景;在建筑行业中,利用三维模型模拟技术有效避免工程设计中的缺陷与不足。

三维场景虚拟技术的发源地是美国,美国拥有世界上最多的三维建模和三维场景构建的研究机构。美国的 MultiGen - Paradigm 公司开发出的三维实体建模 MultiGen Creator 具有建立的三维模型尺寸较小、虚拟环境的实时性能好的特点,而且能够与使用人员进行简单、直观的交互,是三维建模软件中被大多数人认可的最优秀的软件之一。MultiGen Creator 提供了 Open GL 接口与其他数据库和软件控件对接,兼容性较强。但 MultiGen Creator 对硬件和使用人员的要求较高。美国影视、游戏制作巨头 CG2 INC 也开发出自己的三维建模工具 Vtree,能够实现视觉及场景仿真、游戏动画环境模型、实时事件重现等应用。英国在三维建模和场景虚拟现实技术的某些方面展开研究。英国 Bristol 公司开发的三维建模软件 DVS,还提供了领先于 DVS 的环境编辑语言。日本的三维建模和场景虚拟现实技术的某些方面在亚洲处于领先地位,其主要应用在游戏和动漫等领域,在加强人机接口能力的研究项目上取得了重大成就。

我国的三维建模和虚拟场景技术可视化发展较晚,与发达国家之间尚有很大的差距。近年来随着“智慧水利”“智慧城市”理念的兴起,三维建模和虚拟场景可视化技术已经引起我国政府有关部门的高度重视,并获得了很大进步。国家“十二五”发展规划、国家自然科学基金、国家社会科学基金、中国博士后科学基金、国家高技术研究发展计划(863 计划)都对三维建模和虚拟场景可视化技术进行了大幅度支持。国内一些重点院校已经积极投入到三维建模和虚拟场景的研究工作中。清华大学对三维建模和虚拟场景等方面进行了大量研究,获得了球面屏幕显示和图像随动技术等成果。浙江大学 CAD&CG 国家重点实验室研制了在虚拟环境中一种新的快速漫游算法和一种递进网格的快速生成算法。

1.3.2　地理信息系统及其在水利工程领域的应用现状

地理信息系统(Geographic Information System 或 Geo-Information System,GIS)是近年来迅速发展起来的,一门介于地球科学与信息科学之间的交叉学科,它亦是一门地理学空间数据与计算机技术相结合的新型空间信息技术。它是以地理空间数据库为基础,在计算机软硬件的支持下,对空间数据进行采集、管理、操作、分析、模拟和显示,并采用地理模型分析方法,适时提供空间和动态地理信息的计算机技术系统。它是在地理学学科与数据库管理系统(DBMS)、计算机图形学(Computer Graphics)、计算机辅助设计(CAD)、计算机辅助制造(CAM)等与计算机相关学科相结合的基础上发展起来的。一个完整的地理信息系统主要由四个部分组成,即计算机硬件系统、计算机软件系统、地理数据(或空间数据)和系统管理操作人员。地理信息系统在外观上表现为计算机软硬件系统,其内涵却是由计算机程序和地理数据组织而成的地理空间信息模型。一般地,地理信息系统的基本功能包括数据获取、数据处理、数据存储与组织、空间查询与分析、图形显示与交互等。

地理信息系统的出现是地理学的一个革命性事件,它发展之快、应用之广、影响之深刻是其他地理学科所无法比拟的。Parker H D 认为地理信息时代已经到来,陈述彭院士也充分阐述了地理信息系统在地理学中的重要作用,指出它是地理学发展的一个重要方向。当前 GIS 研究的热点集中在与面向对象技术、网络技术的结合,三维地理信息系统、时空系统等空间信息建模技术的研究。同时,随着计算机软、硬件技术的不断发展,一些成熟的并具有强大功能的 GIS 商业软件也不断被推出。目前,国际上较为著名的如美国 ERSI 的 Arc/Info 和 Arcview、Mapinfo 公司的 Mapinfo、Intergraph 公司的 MGE 及 GeoMedia 等。

地理信息系统的研制与应用在我国起步较晚,但发展很快,目前比较有影响的 GIS 软件有:Citystar(北京大学遥感与地理信息系统研究所)、GeoStar(武汉测绘科技大学)、MapGIS(中国地质大学)等。这些 GIS 工具软件为各领域广泛的应用提供了更为有力的技术保证。如今,地理信息系统已被广泛地应用于能源开发、资源清查、区域规划、环境保护、军事治安、邮电通信、工程建设等领域,并获得了巨大的成功。同样,将 GIS 与水利工程领域相结合,亦显示了其强大的生命力。

近年来,GIS 技术已经深入到水利工程的各个方面,并发挥了巨大作用。如国家防洪抗灾总指挥部开发的"区域性防洪减灾信息系统",是基于 GIS 软件 Mapinfo 平台开发的。此系统主要实现枢纽总体的地理信息、测绘信息、枢纽建筑物图形和属性信息,以及施工道路、桥梁、供水供电、沙石料系统、混凝土系统等空间信息的管理。陈朝辉、肖卫国等的论文介绍的均是地理信息系统在防洪系统中应用的具体实例,这些系统主要实现流域地图、水利设施分布、交通线路的查询及水情分析等功能。

另外,Boumediene 等结合 GIS 构建了一个面向对象的水环境质量评估管理系统,Wong 等也把 GIS(Arc/Info)用于洪水污染的评价,Mashrigui 成功地把一个格栅 GIS 嵌入到泥沙生成与运输模型,而 Miles 则是利用 GIS 来分析地震导致的边坡稳定性问题。

从总体上看,目前 GIS 技术在水利行业的应用主要集中在旱灾情评估、水资源管理、水土保持、生态和水环境监测和工程规划等方面。因此,把 GIS 技术应用于水利枢纽工程具体施工领域,来辅助工程建筑物设计、动态仿真施工三维过程,以及进行地质数字化与可视化有着坚实的理论基础。

1.3.3　可视化技术及其在工程施工领域中的应用

可视化技术是于 1987 年 2 月美国国家科学基金会(National Science Foundation,NSF)召开的一个专题研讨会上首次提出并逐步发展起来的集地理数据收集、计算机数据处理和决策分析为一体的综合处理技术,可以利用计算机图形和图像处理技术,将在科学实验过程中产生的人眼无法直接观察的一维数据转换为人容易接受的二维和三维视觉信息并在屏幕上进行显示的计算方法。根据科学数据的来源和类型不同,可视化技术分为科学计算可视化技术和空间信息可视化技术。科学计算可视化运用计算机图形和图像处理技术将实验过程中的科学数据转换为直观的、人容易接受的视觉信息,实现计算过程和计算结果的可视化。空间信息可视化运用计算机图形图像处理技术,将复杂的科学现象和自然景观等抽象概念图形化,实现自然景观等抽象概念的可视化。三维可视化属于空间信息可视化,也就是实现科学现象三维空间信息的可视化。

由于可视化技术的功能特性,其在工程中的应用主要在施工监管与布置方面。国外在这一领域的研究介入比较早,发表了许多有关文章,从可查的文献资料中发现,关于这一问题最早可追溯到 20 世纪 60 年代。Armour G C 和 Buffa E S 早在 1963 年就发表了有关设备和设施位置选择和布置的论文,但研究范围侧重于施工工厂,随后发表了一系列有关这一方面的文章。进入 70 年代,Eastman C M 发表了几篇关于空间分析和空间设计、布置的论文,但研究的范围基本还是针对施工工厂,到 70 年代中期,他曾研究了计算机辅助建筑物空间的设计和分析的内容,另外,研究的范围是机械设备的合理布置问题。到 80 年代,对于施工现场监管研究进入了一个高潮阶段,Popescu C,Moore J,Neil J M 等人进行了这一问题的研究。1989 年,Tommelein I D 完成了施工现场监管的博士论文,并发表了研究成果——利用专家系统的方法解决这一问题的有关论文。进入 90 年代,在施工现场监管研究的领域,

Tommelein I D 是一个具有代表性的人物,发表了多篇有关这一领域研究的文章,在 90 年代初,他的研究成果多采用专家系统和人工智能的方法,并开发了相应的计算机软件,在 90 年代后期,则集中于基于 GIS 的平台研究施工现场监管问题。他的合作伙伴 Zouein P P 也发表了几篇文章讨论了有关施工现场监管的研究成果。近三年来,对于施工现场监管的研究除了 Tommelein I D 和 Zouein P P 以外,我国台湾地区也有人在进行这一问题的研究,如 Cheng Min Yuan Yang,Shin Ching 和 Guo Sy Jye 等人,其研究方法同样是基于 GIS 平台研究建筑材料的合理堆放和建筑材料在施工场内二次搬运所引起的费用减小方法,以及有关施工现场监管时易发生矛盾冲突的分析方法和解决办法。

水利枢纽工程施工现场可视化监管系统的研究在我国还比较滞后,缺乏系统性的研究和先进的研究成果,研究范围有一定的局限性,从事施工场地监管专题研究的人员还不是很多,仅从 20 世纪 90 年代中期才开始研究。从现有可查的文献资料看,在国内多采用数学理论方法进行水利枢纽工程施工场地布置、监管的研究,有人利用最优化方法计算出成本最小或工期最短等对施工场地布置进行研究,也有人从施工场地监管方案评价的角度进行研究,但是研究成果大多比较零散,没有系统化。

在水利枢纽工程施工场地施工布置及监管方面,武汉水利电力大学胡志根、肖焕雄在这一方面做出了一定的贡献,曾发表了一系列论文,对水利枢纽工程施工现场监管方案的优化进行了探讨,如《砂石料料场规划模型研究》《砂石料料场开采顺序优化模型研究》,系统分析了砂石料料场建设、开采、加工、运输、储存等环节间的关系,建立了料场开采顺序的混合整数规划模型,并进行了求解,选择出经济合理的规划方案。《施工系统中混凝土拌和工厂位置选择综合评价模型》一文中用系统分析的层次性原理为基础,用可能性 – 满意度(表示两者之间关系)的计算方法,建立了厂址选择的综合评价模型,并通过实例进行了验证分析。

在工业与民用建筑工程施工现场监管方面,清华大学和中建一局的张建平、邢林涛曾针对民用建筑工程施工研究了施工现场布置和监管的问题,并发表了《计算机图形系统在建筑施工中的应用》和《建筑施工进度计划与场地布置计算机图形系统的实际应用》,文中介绍了所研究成果,即应用计算机图形技术,以形象的三维实体图形表达施工进度与现场监管,以及对项目施工计划和进度进行实时控制管理的办法。文章分析了多层建筑物的空间利用和进度计划的协调,以及随着进度计划的推进,建筑物场地的变化和建筑物体形的现状,但所讨论的问题属于工业与民用建筑范围,同水利枢纽工程施工是有一定的区别的。

针对这一问题的研究从开始时采用建立数学模型,用数学的方法研究解决施工工厂的设施及设备合理布置问题,以及施工现场监管中设施和设备的位置选择优化的问题,到后来利用计算机技术、人工智能、专家系统等技术来研究解决这一类型的问题,最近几年,其研究方法则多是基于 GIS 技术,结合以前所建立的数学模型,研究施工现场监管这一领域出现的问题。计算机技术的发展为研究该领域的问题提供了有利的工具,尤其是 GIS 技术和软件的日趋成熟,使研究施工现场监管这一问题更加具有了说服力。建筑业所工作的对象是改造自然形状和利用自然的地形、地貌、地质等自然形成的因素,建造可为人类造福的建筑物,GIS 技术强大的自然空间分析能力和便利的三维可视化分析能力,为现代建筑业带来了强大的冲击力,并提供了技术变革手段,减少了施工过程中不确定因素的发生,扩大了对于不确定因素的控制范围。国外对于建筑业的施工现场监管问题的研究范围同样多集中于工业与民用建筑领域,水利枢纽工程施工的现场监管研究文献非常有限,但是可以从中借鉴国外的这种研究思路,为我们的研究开阔视角。

1.3.4　系统仿真及其在工程领域的应用现状

系统仿真是 20 世纪 40 年代末以来伴随着计算机技术的发展而逐步形成的一门新兴学科。它是指在不干扰真实系统运行的情况下,为研究系统的性能而构造并在计算机上运行的表示真实系统模型的一种技术,是建立在控制理论、相似理论、信息处理技术和计算技术等理论基础之上的,以计算机和其他专用物理效应设备为工具,利用系统模型对真实或假想的系统进行试验,并借助于专家经验知识、统计数据和信息资料对试验结果进行分析研究,进而做出决策的一门综合性的和试验性的学科。系统仿真的目的是通过对系统仿真模型的运行过程进行观察和统计,来掌握系统的基本特性,找出仿真系统的最佳设计参数,实现对真实系统设计的改善或优化。

系统仿真技术的发展大致经历了模拟计算机仿真(20 世纪 40 年代末至 60 年代)、数字/模拟混合计算机仿真(20 世纪 50 年代末至 70 年代)及全数字计算机仿真(20 世纪 60 年代到现在)三个主要阶段,而全数字计算机仿真又可分为两个阶段。20 世纪 60 年代末到80 年代初,属于第一阶段。在这一阶段中,从方法论角度来看是以研究仿真实验为主,从仿真工具的研究来看,则是以各种仿真语言为主。由于缺乏对建模的支持,而仿真工具又有一定的缺陷(比如人－机接口不够直观,没有统一的数据管理等),因此仿真效率不高。20世纪 80 年代到 90 年代则属于第二阶段。这一阶段的主要特征是:按照仿真的基本概念框架(建模—实验—分析),已形成了一整套先进的建模与仿真方法学,并通过建立一体化仿真环境来支持实现它,同时充分采用了先进的计算机技术(如图形技术、数据库技术等)。随着人们对建模方法学研究的不断深入及计算机技术的飞速发展,对系统仿真技术提出了更高的要求。20 世纪 90 年代以来,对系统仿真技术的研究主要集中在分布式交互仿真(Distributed Interactive Simulation)、可视化仿真(Visual Simulation)、多媒体仿真(Multimedia Simulation)、虚拟现实(Virtual Reality)、面向对象仿真(Object – Oriented Simulation)以及智能仿真(Intelligent Simulation)等几个方面。

系统仿真在工程施工领域的应用,早在 20 世纪 70 年代,Halpin 就提出了循环网络模拟技术,并研制开发了 CYCLONE 系统。此后,用于隧道施工费用预测的 TCM、土方工程施工仿真的 SCRAPESIM、代替 CPM 的循环网络仿真技术 SIREN、施工过程动态交互仿真技术DISCO,以及基于知识的施工计划仿真系统 CIPROS 等被陆续地提出与应用。在仿真建模技术研究方面,Zeigler 等为简化建模,提出了层次化模块式仿真建模的概念。Shi 等利用模块式建模概念提出了基于资源的土方开挖与运输仿真自动建模方法。AbouRizk 和 Mather则提出了整合 3D CAD 技术的简化仿真建模方法。在国内,钟登华等人在 20 世纪 80 年代就开展了隧洞施工的循环网络仿真技术的研究,近年来,更是提出了水利枢纽工程施工全过程的可视化仿真技术,并应用到大型地下洞室群施工、交通运输、土石坝施工等多个方面。

1.3.5　4D 管理技术在工程施工中的应用

4D 理论是美国斯坦福大学 CIFE 于 1996 年首先提出的,其主导思想是利用 4D 生成3D＋进度模型,可以提前对方案的进度安排进行控制,使项目资源得到最充分的利用,提高管理效率和质量。随后推出了 CIFE 4D—CAD 系统。1998 年,CIFE 发布了 4D 应用系统 4D—Annotator。在该系统中,实现 4D 技术与决策支持系统的有机结合,借助 4D 显示功能,管理者能够直观地发现施工现场潜在的问题,大大提高了对施工状况的感知能力。目前,CIFE 正致力于将 4D 概念应用于整个 AEC 领域中,发展基于网络的分布式管理工具。应用先进的计算设备与交互工具,构建一个全数字交互工作室,使施工的各参与方能够实时地展开协同工作。Marcus 的出现,揭示了下一代的施工管理工具发展的方向。

在 4D 的研究领域中,比较有代表性的还有英国的 Shachclyde 大学的 PROVISYS 模型,South Bank 大学的建筑后期维护的 4D 模型。清华大学从 1991 年开始,也致力于建筑施工计划三维可视化和动态管理方面的研究,于 1995 年开发了 GCPRU 系统。该系统将施工对象定义为一个 3D 整体描述、施工过程模拟和结构构件实体的三维复合模型。GCPSU 系统体现了 4D 模型的基本概念,其后研究的 4DSMM 模型实现了施工对象 3D 模型与外部进度计划系统的链接,但其研究侧重于工程施工现场布置。

20 世纪 90 年代末,英国 Salford 大学开始进行一项名为"From 3D to nD"的研究项目,nD 是在 3D 模型的基础上,加上成本、进度等参数,使之成为多维计算模型。该模型可以描绘整个设计和施工过程,使用者能够看到和模仿整个项目建设过程。在遇到设计问题时,通过使用假设分析演示成本和进度的变更影响,将极大地提高决策支持和施工过程实施的有效性,实现建设项目多目标的最优化。

4D 建模技术及其软件化的实施成为集成化管理最理想的工具,其可视化的动态模拟效果为项目各参与方提供了全面快速的工程信息,从而实现工程全寿命周期的动态管理,即前期的设计管理、中期的现场管理和后期的运营维护,为项目决策者提供决策支持,实现了工程项目多目标决策的最优化。

针对水利枢纽工程施工现场的动态管理,国内外已有较多研究,并且具备一定的技术条件和技术基础,结合水利枢纽工程施工的特性,采用可视化和动态管理理论对其施工现场监管的研究在技术上是完全可行的。本书对水利工程枢纽施工可视化管理技术开展研究,建立一种面向水利枢纽建设的三维动态可视化管理方法。

1.4　水利枢纽施工动态可视化管理框架设计

水利枢纽施工动态可视化管理系统建设充分利用国内外先进的管理思想和管理技术,特别是先进的计算机技术和网络技术,结合水利枢纽建设管理特点,建立和逐步完善适合工程的先进管理制度和管理信息系统,为工程管理提供一个优秀的管理平台。通过信息的高效统一管理,将设计、监理、施工等单位的各种信息统一起来,实现对水利枢纽工程全过程、全方位信息管理与控制,从而提高水利枢纽工程整体管理水平,为决策层提供分析决策所必需的准确而及时的信息。

1.4.1　水利枢纽施工动态三维可视化管理实现方法

结合水利枢纽施工管理特点,完成水利枢纽施工动态管理方法研究,然后以水利枢纽施工动态三维可视化管理系统为依托,完成水利枢纽工程的二维与三维可视化动态管理、施工进度管理等相关功能。施工动态三维可视化管理系统按照功能和级别分为施工管理主系统平台和施工信息子系统平台。其中施工管理主系统平台供建设管理单位使用,施工信息子系统平台供工程施工单位使用。在工程建设施工的具体管理过程中,施工单位通过对施工过程的进度情况、费用使用、材料供给、机械配备、工程质量安全等相关信息进行搜集、统计、整合,然后利用施工信息子系统平台实现工程信息录入,同时施工信息子系统基于输入的施工信息完成数据预处理、施工进度调整和成果分析与导出;施工信息子系统一方面服务于工程施工单位,用于辅助施工单位的施工管理,另一方面通过数据与信息接口实时地向施工管理主系统平台传输施工单位搜集处理后的数据,作为施工管理主系统平台的基础数据源。施工管理主系统平台在接收各个施工单位的动态数据后,实现对土建施工数据库、临时工程施工数据库、辅助工程施工数据库及施工质量安全数据库中数据的整合,完成数据统计分析,一方面辅助建设管理单位实现对工程建设的可视化管理,并提供一个科学、形象、可追溯的有效辅助管理手段,另一方面建设管理单位利用施工管理主系统平台将施工信息规范化分析处理后,实现了建设管理单位对施工单位的相关施工指令的下达,指导施工单位安全、高效、快速施工。工程项目闭环管理,实现对工程的总工期和关键路径的确定,对整个施工过程进行分解,明确了整个工程的各个阶段的任务与职责,定期对里程碑进度的完成情况进行分析,及时跟踪工程的实施、协调、控制情况,按时将工程进度情况、存在的问题进行分析调控,同时施工单位可以根据施工显示状况为建设管理单位提供建议与技术支撑,最终对施工进度、工程质量、施工安全等进行分析管理,为水利枢纽动态施工管理的实现提供一条可靠途径。冰冻河流水利枢纽施工动态管理实现方法如图1-1所示。

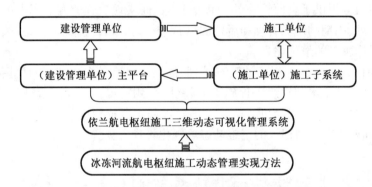

图1-1 冰冻河流水利枢纽施工动态管理实现方法

1.4.2 水利枢纽施工动态三维可视化管理系统基本框架

面向水利枢纽施工动态管理总体要求,基于 ArcGIS Engine 二次开发技术、SQL Server 2008 数据库技术、空间数据库挖掘技术,以及数据库连接及应用技术,完成施工动态三维可视化管理系统研发。该管理系统具备二、三维场景联动下水工建筑物及环境要素的查询、定位、漫游、放缩、鹰眼等功能,同时完成 GIS 二、三维场景下的施工进度可视化管理、施工进度调整与工期优化、施工过程的动态仿真、安全质量管理、工程电子图库、数据管理与报表、GIS 辅助工具等模块,实现目标工程基础数据的采集、查询、统计、报表输出等功能,同时基于数据动态更新机制,科学、形象、立体地展现水利枢纽工程建设过程中的各施工段状况,为实现水利枢纽建设的精细化、可视化管理提供技术支撑。

施工动态三维可视化管理系统针对水利枢纽工程施工总过程的特点,融合土建工程施工、临时工程施工、辅助工程施工三大部分,建立施工总过程的施工进度管理。施工可视化管理模块,用于呈现复杂施工过程中各施工单元的空间逻辑关系,从而揭示施工系统内部动态行为特征,同时描述和分析复杂工程施工监管过程,实现施工现场总体布置的二、三维动态演示。施工进度管理模块,用于融合仿生优化算法,实现施工工程计划与实际进度信息的查询,通过施工横道图和施工网络图的方式,展示当前总工程施工状态与工程之间的逻辑关系,利用时间、费用的调整和资源分配调整数学模型,对不符合施工工序要求、施工强度要求的单位工程,使用用户交互式操作进行施工进度调整,然后根据施工强度曲线与施工资源直方图的表达方式,生成可行性研究方案。施工过程仿真模块,采用"全程仿真钟"的方法,根据时间顺序读取模型库中的模型数据及相对应的属性信息,加载得到水工建筑物系统动态仿真信息,包括仿真工序、工序时间、建筑物空间位置等,利用动画显示技术实现了仿真建模、仿真计算过程,以及仿真结果的可视化。安全、质量管理模块,利用数据接口,实现多窗口下的施工现场的动态监测,同时存储各类安全与质量类国家行业规范,方便用户查询、下载、导出。电子图库模块,根据导入的录入结果,保存 SQL Server 2008 数据库,通过后台数据库的实时动态链接,利用 PDF 浏览控件,使用户可以随时查看各个工程设计阶段的成果与各类施工图纸,同时展现工程各个详细施工部分的各角度三维图名。数据与报表管理模块,提供工程各个单位的基本信息,同时提供施工单位子接口,实现总系统与子系统的数据传输与共享,也为施工各部分管理信息、进度信息、材料机械资源信息、施工日志和合同等相关信息提供导出功能;其他功能模块,实现二、三维场景的浏览、放大、缩小、漫游、全屏、导航、鹰眼、属性查询等功能,提供距离测量、面积和体积计算。具体系统框架结构如图 1−2 所示。

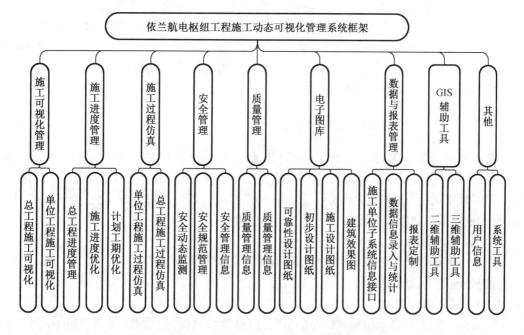

图 1−2　水利枢纽施工动态三维可视化管理系统框架

第 2 章　施工可视化管理关键技术

利用计算机可视化管理技术,结合施工实际情况,将 GIS 技术应用于水利枢纽工程施工管理,为施工提供了直观形象的管理工具,实现了工程数据可视化形象表现,为施工分析和决策提供了有效手段。随着信息技术、网络技术、系统仿真技术的不断发展,计算机可视化管理技术将被广泛用于建设领域信息化、可视化管理中,计算机辅助管理功能将不断完善和加强。水利枢纽工程施工可视化管理将可视化技术与管理科学有效结合,实现了工程施工场地布置及其动态变化过程的可视化管理与分析,以及施工进度的形象直观展示,为工程施工组织设计与管理提供了迅速的信息支持和有力的分析工具,是辅助工程施工管理的有力工具。本章介绍前期地形与枢纽建筑物基础数据的采集,三维数字地形及枢纽建筑物可视化,水利枢纽 GIS 的工程可视化,二、三维交互集成,以及 GIS 的工程可视化的设计思想和部分关键技术。

2.1　地形及枢纽建筑物基础数据采集及处理

地形原始数据的精度高低直接影响到数模的高程内插精度,而枢纽建筑物的精度又是枢纽建筑物能否用于实际工程设计的关键。结合数字地形模型对地形原始数据的要求,大比例尺地形图的数字化主要来源包括数字化仪输入地形图数据的基本原理、数据转换、图纸变形纠正、地形图的数字化输入等地形图数据采集与处理中的核心技术,同时该方法经大量的实际工程验证是行之有效的。

2.1.1　水利枢纽地形数据采集与预处理

水利枢纽地形数据采集与处理主要是将通过遥感、数字化扫描、测绘测量作业等获取的相关地形地图进行加工与处理,包括地理位置配准、矢量化、裁剪与拼接、修复与美化等,使之能以数字化的方式存储和使用。数据处理主要包括纸质地形图数字化、电子航道图矢量化、卫星影像图修复及美化。

1.纸质地形图数字化

纸质地形图数字化是将纸质地形图转换成可存储于电脑中的数字信息文件,即扫描图纸,后期处理还包括地理配准、裁剪与拼接。

(1)扫描图纸

针对地形图主要以纸质形式储存的情况,扫描纸质地图,然后进行图像二值化,其中扫描分辨率根据扫描要求,一般采用 300 dpi 或更高的分辨率。亮度、对比度、色调、GAMMA曲线等相关参数可以根据需要进行调整。图 2 - 1 为扫描完成后的地形图数据。

(2)地理配准

针对扫描后的纸质地形图容易出现坐标偏差问题,故需进行地理配准。地理配准是将

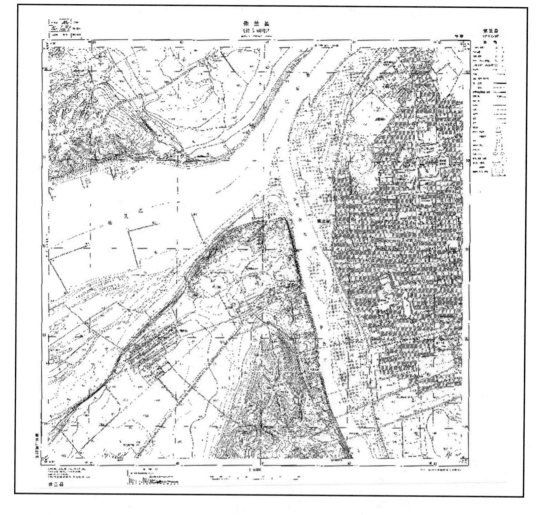

图 2 - 1　扫描纸质地形图

控制点配准为参考点的位置,从而建立两个坐标系统之间一一对应的关系。调用 ArcMap/ Georeferencing/Adding Control Points 添加控制点,一般控制点个数选择在20~40之间。调用 ArcMap/Georeferencing/view Link Table,观察 Resdual 序列,对于参数大于1的控制点予以删除并重新选点,进行地理配准。地理配准过程如图2-2和图2-3所示。

在三维数字地形构建过程中,将地理信息化后的卫星影像图,经修复美化后需再次赋予地理坐标信息。对美化后的卫星影像图进行地理配准,配准结果如图2-4所示。

在基于 GIS 水利枢纽三维交互可视化集成技术研究过程中,进行水工建筑物和三维场景多坐标系融合,对不含地理坐标信息的平面布置图进行地理坐标配准,配准过程和配准结果见图2-5和图2-6。

(3)图形裁剪与拼接

地形图裁剪是从整个纸质地形图中裁剪出部分区域,以便获取真正需要的区域作为研究区域,减少不必要参与运算的区域。GIS 中地形图裁剪工具共有如下3种:

①空间叠加分析工具 Clip(ArcToolbox→Data Management Tools→Raster→Clip)。该方

法是在图像上用矩形工具选取想要裁剪的范围,通过控制坐标的大小来控制裁剪区域,适合精确范围的裁剪。

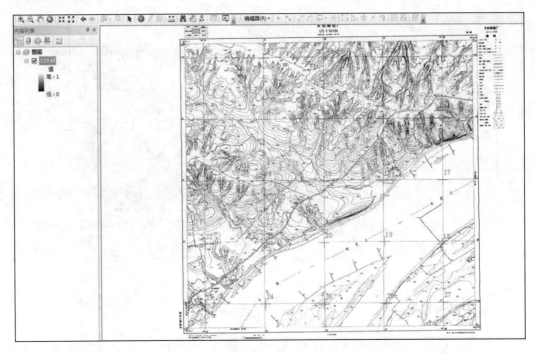

图 2 - 2　　地形图地理配准控制点选择

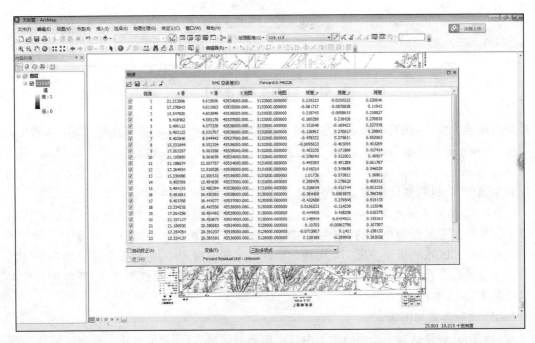

图 2 - 3　　地形图地理配准方法选择

图 2-4　卫星影像图地理配准配准结果

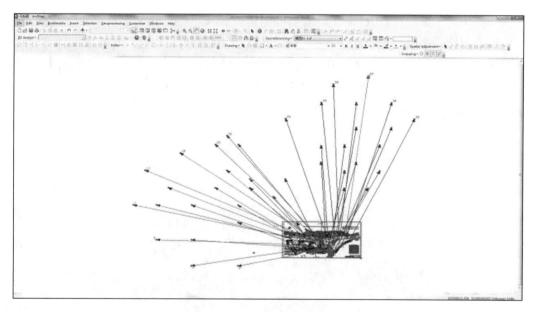

图 2-5　地形图地理配准过程

②地理空间分析工具 Clip（ArcToolbox→Analyst Tools→Extract→Clip）。在参数设置中设置图像和需要裁剪的要素，把指定的裁剪区域作为切割模具，去切割需要的图像。只有落入裁剪区域的图像要素才会存储到输出图形中，但是这种方法一次只能裁剪一个图形，不能批量裁剪。

③掩膜提取 Extract by mask（ArcToolbox→Spatial Analyst Tools→Extraction→Extract by mask）工具。把指定的裁剪区域（shp 文件）作为切割模具，去切割需要的图像，只有落入裁剪区域的图像才会存储到输出图形中。

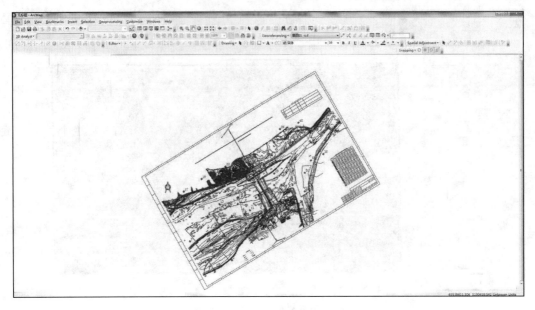

图 2-6　地形图地理配准结果

　　通常,为减少工作冗余,对配准后的地形图进行裁剪工作。针对水利枢纽区域比较大的特点,采用掩膜提取 Extract by mask 工具完成纸质图纸裁剪。创建 shapefile 文件,选择面元素(polygon),选择 Xian_1980_3_Degree_GK_Zone_43 坐标系,创建的面覆盖的地图部分为裁剪后保留的部分,同时使用掩膜提取 Extract by mask 工具,过程见图 2-7。

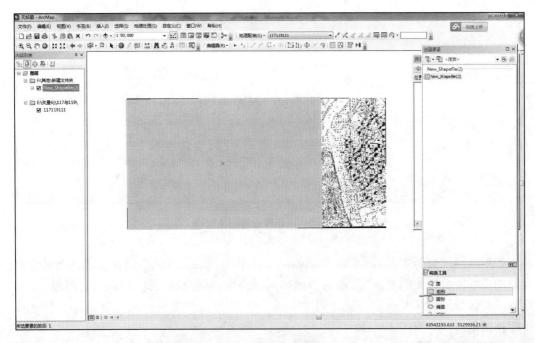

图 2-7　创建裁剪所需的面文件

　　地形图拼接是指将空间相邻的地形图拼接为一个完整的图像。当研究区域由多幅地形图像文件构成时,需要将多幅不同的图像文件拼接成一幅完整图像的过程称为图像拼接(也称图像镶嵌)。对于需要拼接的图像,必须具有相同的地理坐标系,即图像必须经过地理校正及配准处理,在消除了由于各种原因造成的各种畸变,并赋予了坐标信息后才能进行拼接。空间数据拼接是空间数据处理的重要环节。

　　在地图拼接过程中,针对纸质地形图相连且同坐标系的特点,在具体建模过程中可以采用图像拼接(镶嵌)工具 Mosaic/Mosaic To New Raster 进行图像的拼接。拼接过程及结果见图 2 -8 和图 2 -9。

图 2 -8　拼接过程

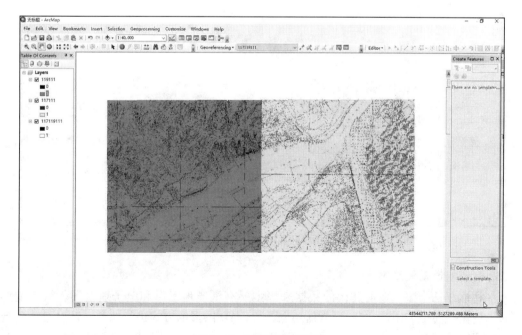

图 2 -9　地形图拼接结果

（4）地形图矢量化

在 ArcGIS 中,不同要素的数据集存储属性不同,见表 2-1。经过以上各技术处理的地形,各要素的存储数据集并未分类,故需对地形图进行矢量化处理。

表 2-1 Geodatabase 数据属性表

Geodatabase 数据视图	shape 几何属性
点	Point
线	Polyline
面	Polygon
注记	Polygon

创建一个 shapefile 文件,定义属性为 Polyline,打开"编辑器"工具栏,在"编辑器"下拉菜单中选择"开始编辑命令",并选择前面创建的"等高线"要素类。将地图放大到合适的比例,从中跟踪一条等高线并根据高程点判读其高程,输入该条等高线的高程信息。

通常对于点的矢量化也采用同样的方法。创建一个 shapefile 文件,定义属性为 Point,使用编辑器工具条画点,并赋予高程。最终将 Xian80 坐标系下的 1:10 000 比例下多张相邻的流域地形数据转换成为 Geodatabase 中带有高程信息的高程点和等高线高程数据的矢量图,如图 2-10 所示。

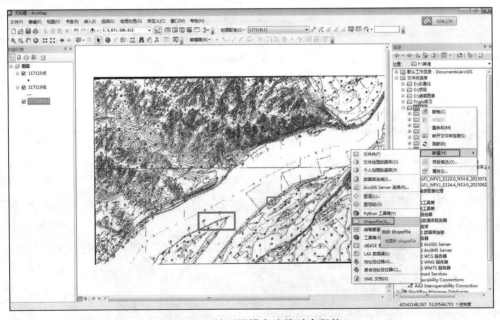

图 2-10 地形图描点连线赋高程值

2. 电子航道图矢量化

水利枢纽三维数字地形建模的数据来源主要有纸质地形图和电子航道图。纸质地形图的矢量化在前一节中已实现,通常航道图是以 CAD 图形的方式进行储存。针对 GIS 平台能直接调用、编辑的 Geodatabase 数据与 CAD 二维数据存储格式冲突的问题,为方便在 GIS 平台中创建、修改、完善数字地形系统工作,需完成 CAD 二维文件数据模型与 GIS 矢量化

Geodatabase 数据模型的相互转化,即二维数据矢量化。

电子航道图矢量化技术共有两个子技术提供技术支撑,分别为 CAD 数据与 GIS 数据转换技术和点、线高程数据提取与赋值技术。

(1)CAD 数据与 GIS 数据转换技术。利用 ArcGIS 中的 ArcToolbox/Conversion Tools/To Geodatabase/CAD to Geodatabase 命令,将 CAD 数据转换为 GDB 格式,按照要素存储到 Geodatabase 空间数据库中。转换过程如图 2-11 和图 2-12 所示。

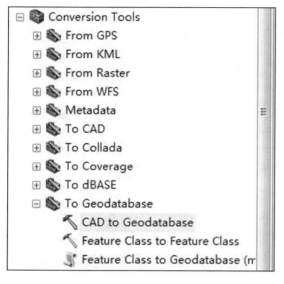

图 2-11　CAD to Geodatabase 工具图

图 2-12　数据类型

(2)点、线高程数据提取与赋值技术。考虑 CAD 数据模型和 GIS 数据模型要素中标注要素的 shape 几何属性存在差异,完成 CAD 数据导入后,ArcGIS 中的点和线的高程信息皆为 0,因此需要将 ArcGIS 中的点和线的高程字段补充完整。

ArcGIS 软件中 ArcToolBox 工具栏下的数据转换功能可以实现点高程数据提取和赋值,但是存在操作冗杂、工作效率低下的缺点。利用南方 CASS 9.0 软件可以将 CAD 图中点高程值保存在 Z 字段中,即将点高程数据的提取和点高程赋值一步完成,具有很高的效率,所以可选用南方 CASS 9.0 软件处理点高程数据的提取和点高程的赋值。利用 CASS/菜单栏/工程应用/高程点生成数据/无编码高程点命令提取高程,并将结果储存到 Excel 表下。通过调用 ArcMap 中的 File/Add Data/Add XY Data 命令,将数据添加到 ArcMap 中,导出数据为 . shp 格式,完成点高程提取和赋值。

由于线高程赋值的复杂性,本书使用根据线高程提取结果对线高程进行手动赋值。调用 ArcMap,File/Editor/Start Editing 和 Table of Contents/Open Attribute Table,在 elev 栏下对线高程进行赋值,完成线高程数据的提取和赋值。

完成点、线高程数据的提取与赋值后的电子航道图如图 2-13 所示。

3.卫星影像图修复与美化

卫星影像是地形模型更加真实与逼真的重要构成部分,也是地理信息提取的来源之一。购置的原始卫星遥感影像图由于受到拍摄过程中的云层、大气折射等因素的影响,易出现阴影、扭曲和色差等,故需对卫星遥感影像进行修复、美化操作。

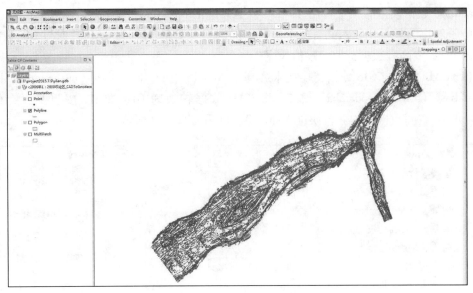

图 2 – 13　转换后航道图

（1）卫星影像图导出。选择常用的 Photoshop 软件作为卫星遥感影像修复和美化的处理工具，卫星影像图的显示通道为 32 bit，格式为 . tif，通常与 Photoshop 不兼容，需要将其转化为显示通道为 16 bit 或 8 bit，格式为. png 的图形文件。调用 ArcMap/Table of Contents/ Properties/Datas/Export Data，将卫星遥感影像图转化为显示通道为 16 bit 或 8 bit，格式为 . png 的图形文件，处理过程如图 2 – 14 所示。

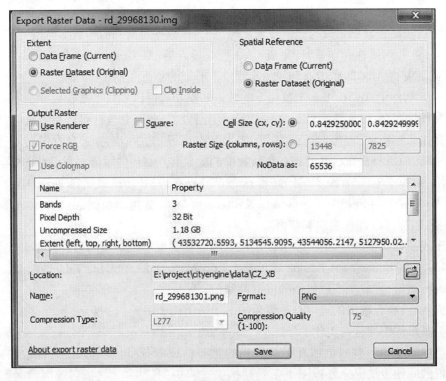

图 2 – 14　卫星影像图转换过程设置

　　（2）图像修复及美化。使用 Photoshop 软件,启用图章、画笔、旋转处理、透视处理、扭曲处理等工具,对研究区域的卫星影像图进行修复及美化。此外,在水工建筑物优化环节中,建筑物贴图也需要使用该技术,如图 2 - 15 和图 2 - 16 所示。

图 2 - 15　修复、美化前的原始影像图

图 2 - 16　修复、美化前后的影像图

　　随着施工建设的进展,开挖、回填基坑会对地形产生影响,基于研究区域的水利枢纽高程施工总体平面布置图,并对卫星影像图进行 PhotoShop 处理,如图 2 - 17 和图 2 - 18 所示。

图 2 - 17　一期施工卫星影像图

图 2 - 18　施工完成卫星影像图

2.1.2 水利枢纽建筑物设计图纸收集与预处理

1. 水利枢纽水工建筑物图纸整理与分类

通过梳理水利枢纽水工建筑物设计图纸,包括船闸总平面布置图、厂房平面布置图、电站主厂房纵剖图、安装间横剖图、厂区布置图、泄洪闸及门库坝段结构布置图、上游立视图、鱼道图、挡水平台临水侧挡墙布置图等图纸,整理了水工建筑物结构,并进行了分级分类,为水工建筑物的粗拆分提供了依据。根据设计资料,水利枢纽总体包括坝头、工程管理码头、土坝及坝上公路、船闸、混凝土门库坝段、泄洪闸、混凝土门库坝段、河床式水电站、鱼道、坝头,如图 2 - 19 所示。

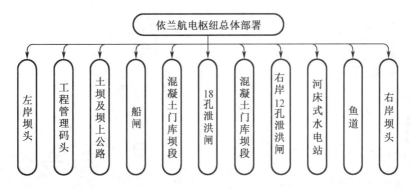

图 2 - 19 水利枢纽总体部署结构

枢纽水工建筑物各组成部分又分为下一级构成单元,以船闸为例,其包括上游导航墙、上闸首、闸室、下闸首、下游导航墙、隔流堤、下游引航道及输水系统等,如图 2 - 20 所示。

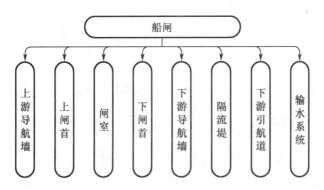

图 2 - 20 船闸建筑物组成

枢纽总体部署如图 2 - 21 所示。

2. 水利枢纽设计图纸简化及数据提取

水利枢纽设计图纸简化及数据提取,即删除冗余数据、简化二维设计图纸和相关水工建筑物提取的技术。调用 CAD2007 的绘图工具栏和修改工具栏,删除不需要的冗杂数据,并整合梳理外部轮廓数据。

上闸首截面选取图如图 2 - 22 和图 2 - 23 所示。

上游导航墙轮廓图,A—A 断面、B—B 断面、C—C 断面如图 2 - 24 所示。

船闸闸室断面图, Ⅰ—Ⅰ断面、Ⅱ—Ⅱ断面、Ⅲ—Ⅲ断面如图 2 −25 所示。

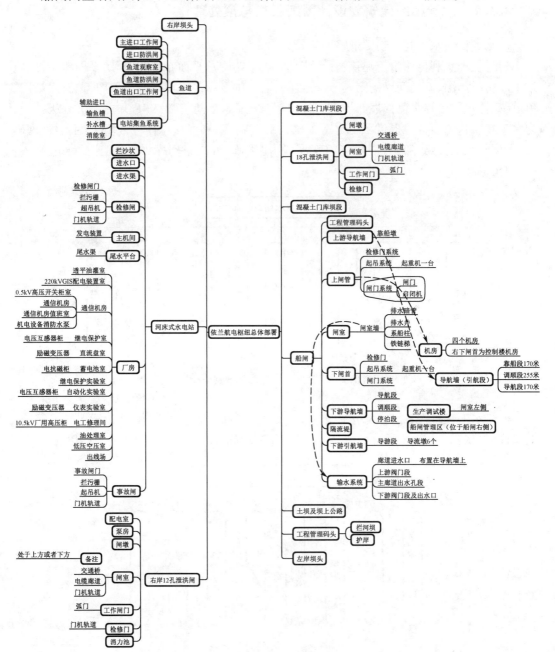

图 2 −21　枢纽总体部署

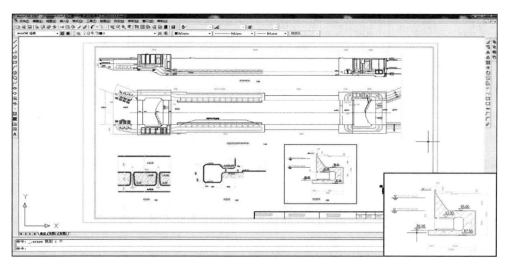

图 2 - 22 上闸首截面选取图

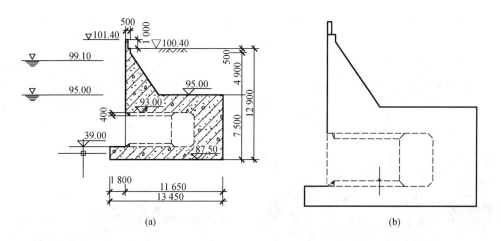

图 2 - 23 上闸首截面图

(a)处理前上闸首截面图;(b)处理后上闸首截面图

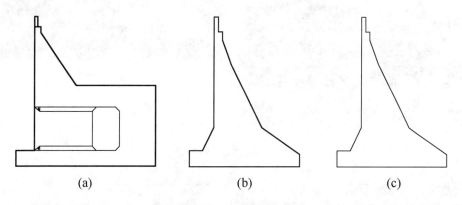

图 2 - 24 上游导航墙轮廓图

(a)A—A 断面;(b)B—B 断面;(c)C—C 断面

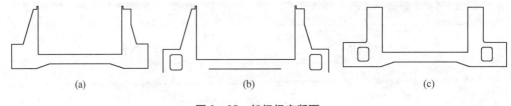

图 2 - 25 船闸闸室断面

(a) Ⅰ—Ⅰ断面;(b) Ⅱ—Ⅱ断面;(c) Ⅲ—Ⅲ断面

2.2 三维数字地形及枢纽建筑物可视化

2.2.1 水利枢纽三维数字地形建模与可视化

三维地形模型是一种表示三维地形起伏形态的表面模型。建立一个逼真的三维地形场景,需要 DEM 高程数据来构建地表高程网,配以数字正射影像数据进行地表真实纹理的地表贴图,才能实现地貌的起伏形态,如图 2 - 26 所示。此外,添加地表文化特征等其他空间矢量数据以完善三维场景。目前的三维地理信息系统地形渲染引擎通过将数字高程数据(DEM)、卫星影像数据加载到地形引擎数据管理节点下,已经能够由渲染引擎直接完成地形渲染,主要工作是完成 DEM 生成与地理贴图的处理与优化。

图 2 - 26 地形模型构建

1. 数字高程生成及优化

数字高程(Digital Elevation Model,DEM)构建方法主要分为基于点的建模方法和基于三角形(TIN)的建模方法两大类。其中,基于点的建模方法虽然种类众多,但是不论是样条函数法、自然近邻法,还是距离权重倒数法,都需要一定的假定条件,具有较大的局限性,且适用范围较窄。数字高程模型系统的数据源分为点高程数据和线高程数据两种,为保证数据的充分利用和数字高程模型系统的准确性,可选用隶属于基于三角形(TIN)建模方法中的自然邻域插值法建立数字高程模型系统。

　　基于带有高程信息的点、线要素,利用 ArcToolbox 工具栏下的 3D Analyst Tools/Data Management/TIN/Creat TIN 命令创建数字高程模型,完成水利枢纽数字高程模型构建,如图 2 – 27 所示。

图 2 – 27　原始数字高程模型

　　随着施工的进展,开挖、回填基坑会对地形产生影响。基于施工平面图,对基坑部分高程点重新赋值、打断重连等高线,重新生成数字高程模型,如图 2 – 28 和图 2 – 29 所示。

　　2. 基于卫星影像图的地形纹理贴图

　　地形表皮需要覆盖真实的影像数据,才能构建逼真的地形模型。选用高质量的影像数据对于地形的建模尤为重要。原始获得的影像数据需要进行色彩调整、匹配融合、影像拼接、几何纠正等过程,转换为能被用于构建地形的影像数据,卫星影像图修复与美化,参见图 2 – 14。

　　3. 逼真的水利枢纽三维地形构建

　　数字地形构建过程中,基于 ArcMAP 软件平台,利用修复后的卫星影像图对 DEM 模型进行纹理贴图,以此提高模型的视觉效果。调用 ArcScene/Add Data,将数字地形文件和处理后的遥感影像图导入 ArcScene 中。针对卫星影像图,调用 ArcScene/Scene Layas/Properties/Base Hieghts,在“Elevation from surfaces”栏下,选择 Florting on a custom surface,对象选择为已建立的 DEM 模型,完成 DEM 的纹理映射,如图 2 – 30、图 2 – 31 和图 2 – 32 所示。

　　4. 地形与卫星影像动态加载方法

　　直接将整幅遥感图像或者整块数字高程数据加载到三维可视化系统,将会对系统运行产生较大的渲染负担,无法完成系统漫游与实时交互。受计算机屏幕大小的限制,同时浏览全部细节是无法实现的,而且大数据块也不利于数据的网络发布。一次性加载过大的数据给服务器、网络和系统平台端将造成过大的负担以及过长的用户等待时间。

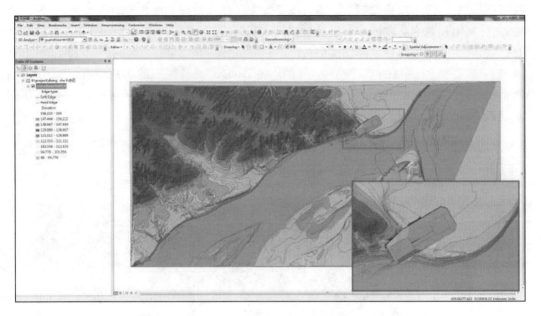

图 2-28 一期施工数字高程模型

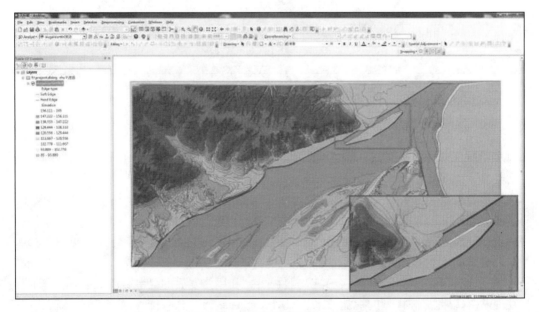

图 2-29 施工完成数字高程模型

通过实时建立分层瓦片集(图2-33),形成数据切片层次金字塔,采用动态四叉树 lod 的方式组织地形数据,减轻渲染负担,实现三维地形的实时加载与渲染。地形数据实时划分能自动在系统内部实现,以记载了空间参照系统和范围信息的 profile 属性为依据,划分的结果是建立不同 lod 层次瓦片序列,每层都被均匀切分成数据瓦片 TileSource,同时使用 TileKey 来记录瓦片信息,基于视点实现瓦片的实时动态、分页调度和渲染。

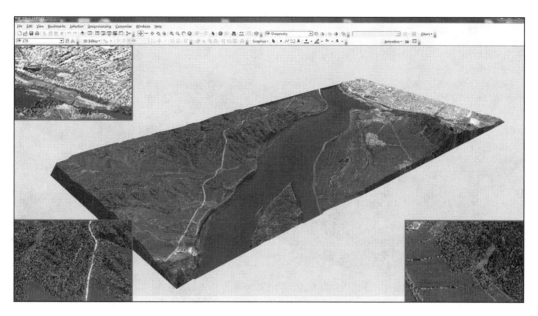

图 2 - 30 原始地形三维数字地形

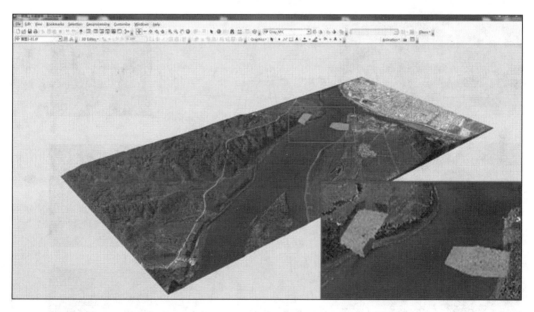

图 2 - 31 一期施工三维数字地形

整个地形场景的数据结构是一个四叉树状、被瓦片化的 lod 分层结构。越是接近四叉树底层次(接近根的方向)的影像数据,精度越低,瓦片数越少。越是高层次的影像数据,精度越高,瓦片数越多。整个场景每一层的数据量以四倍的方式增加,低层次的影像是从高层次的影像上采样获取,只要拥有足够大的储存空间,这种组织方式就能够支持无限数据量负荷。

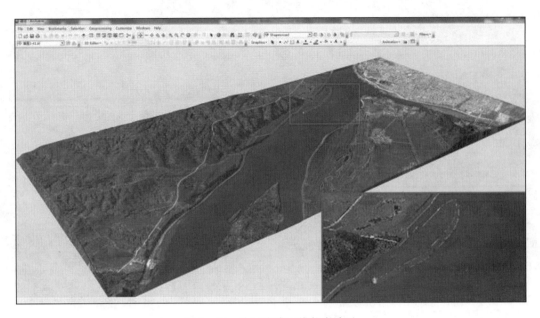

图 2 - 32　施工完成三维数字地形

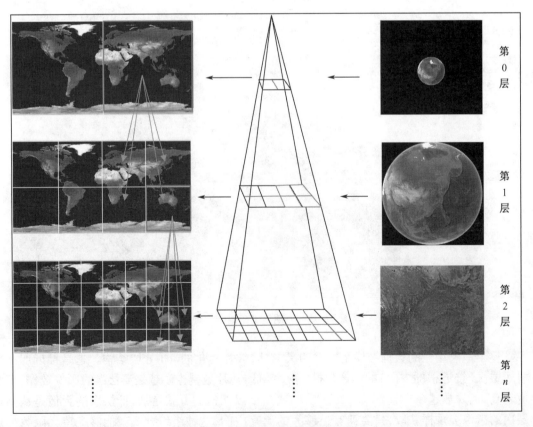

图 2 - 33　数据金字塔数据组织结构

按地理坐标系统中经纬度(WGS84)的方式进行世界范围划分,将球形表面铺成矩形的平面,以本初子午线处经度为零,本初子午线以左为西经 $0° \sim 180°$,本初子午线以右为东经 $0° \sim 180°$ 。以赤道为 $0°$ 纬度,从赤道向南或者向北有 $0° \sim 90°$ 测量值,最北也就是最上方为北纬 $90°$,最南即最下方为南纬 $90°$ 。

根据地图设置每一层数据信息(profile)属性实现数据瓦片化。数据信息属性包含了数据所使用的空间参考系、数据(影像或高程数据)的四个顶点的坐标、高度和宽度(即本层数据应被切割的列数和行数)以及该层属性签名。使用地理坐标系统参考的全球影像数据,在最顶层的数据中,其四个顶点的坐标是($-180°$, $90°$),($180°$, $90°$),($180°$, $-90°$),($-180°$, $-90°$),宽度为2,高度为1,也就是有两列一行,这样地球在顶层就被切分为东西半球两片瓦片。在此基础上继续进行向下一层的分层瓦片的切割,东西半球分别又被切割成四个瓦片,每个瓦片都会赋了相应的数据属性信息,以便进行下一层数据的切割。

随着瓦片化的深入,最终整个数据层被划分成 $N \times M$ 个瓦片,瓦片可以根据需要继续分割。对于每一片瓦片分配 TileKey 进行标记,上一层同样会记录下一层的标记信息,建立索引。以左下角作为瓦片的原点(0,0),TileKey 编码从瓦片的原点处开始编码,其编码格式是层、行、列,即 $TileKey(lod, x, y)$ 。图 $2-34$ 中的阴影部分的编码为(2,6,2),其代表的是第二层的 lod 中的等(6,2)块瓦片,这块瓦片的坐标信息为东经 $90°$ 到东经 $135°$,北纬 $0°$ 到北纬 $45°$ 。

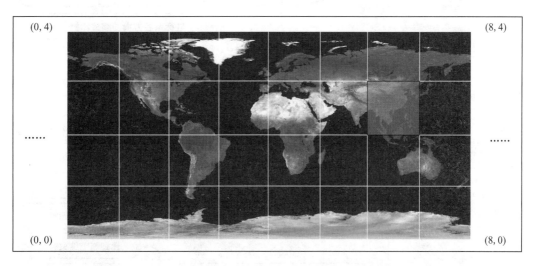

图 2-34　第 2 层影像切片为 8×4 的瓦片索引

随着瓦片层数的不断增加,分辨率越来越高,整个四叉树场景占用的计算机储存空间呈 4 倍递增。假如 lod 的第 10 层数据量是 61 GB,那么在第十二层数据量可能达到 244 GB,因此需要选择较为合理的 lod 层数,以到达储存空间与可视化效果的一个较好的平衡点。

创建金字塔数据集使渲染引擎加载数据更加高效。数据金字塔就是以原始数据为基础,通过一定的技术手段依次生成不同比例尺的不同分辨率的各层数据(lod),再进行切片使各层数据均是以相同大小的多个瓦片保存。这样不管是服务器在处理用户的请求,还是读取基于本地的数据,都会大大节省计算机资源,提高系统的运行效率。读取切片数据系统会定位到比例尺最接近的一层数据,然后查询出覆盖系统可视化窗口范围的影像或高程数据切片并返回客户端,最后在系统平台中完成拼接,显示到屏幕上。在这个过程中,服务器只需要将用户感兴趣的少量数据传输到客户端,并且不需要实时计算生成,因而响应速度较快,可以实现实时缩放。

　　通过对渲染引擎数据管理与加载方式的研究,提高影像数据和高程数据传输与加载速度的数据处理方法就是对数据进行切片处理,建立数据金字塔,这也是实现数据网络传输,提高数据的网络传输效率的最佳方式。通过对源数据进行重新采样,并按四叉树结构进行切片,建立金字塔式储存结构,大大节省了其内部数据预处理时间,进而加快三维可视化系统平台的运行效率,提高运行速度。

2.2.2　动态装配方法

　　模型数据库是对模型属性信息的记载,为了实现模型的动态装配设计了针对模型模块的数据库,用于记录包括模型的坐标信息、模型几何属性、模型所对应于航电枢纽单元信息、枢纽模型的拓扑关系、模型的对应枢纽的施工计划等,同时也是进行模型动态装配限制的约束条件。如图 2 - 35 所示。

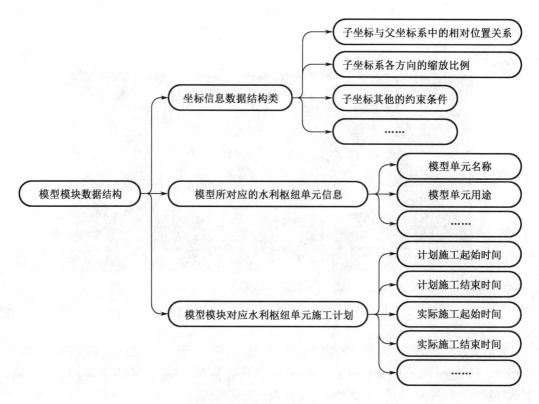

图 2 - 35　模型模块数据结构

根据模型之间的拓扑关系及模型拆分的层次关系,每一级作为一个对象节点,并建立对应的数据结构,数据结构存储了对应级别的模型基本信息,包括相对坐标、绝对坐标、缩放比例等,并以此建立模型组织结构。

以上闸首为例,上闸首部件包括输水系统、检修门、吊机、人字门、船闸地板等模块单元,建立的系统组装模型根据其不同模块对应的属性信息,其组装原理示意图如图 2 – 36 所示。

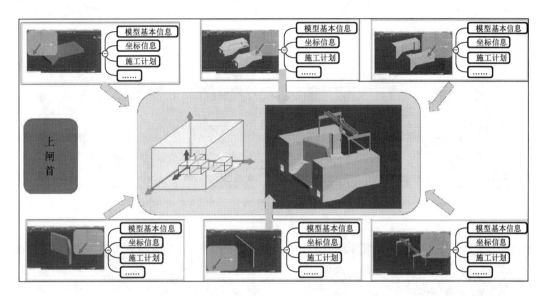

图 2 – 36　模型模块组装示意图

2.2.3　水利枢纽水工建筑物建模

基于 3ds Max 软件平台、二维设计图简化得来的轮廓图和提取的数据,利用 3ds Max 的挤出命令(轮廓线→转换为可编辑样条线→挤出),进行简单水工建筑物参数化实体建模。

水工建筑物多层次简化拆分,即为了建模方便,将水工建筑物按照不同层次,拆分成简易模型的过程。水工建筑物多层次拼接,即将已建立的简化模型利用坐标系嵌套的方法,按照设计图纸既定位置进行拼接的过程。水工建筑物多层次拼接是水工建筑物多层次简化拆分的逆过程。图 2 – 37 和图 2 – 38 为最低层次水工建筑物拼接,然后依层次进行船闸、总体水工建筑物的拼接,如图 2 – 39 至图 2 – 51 所示。

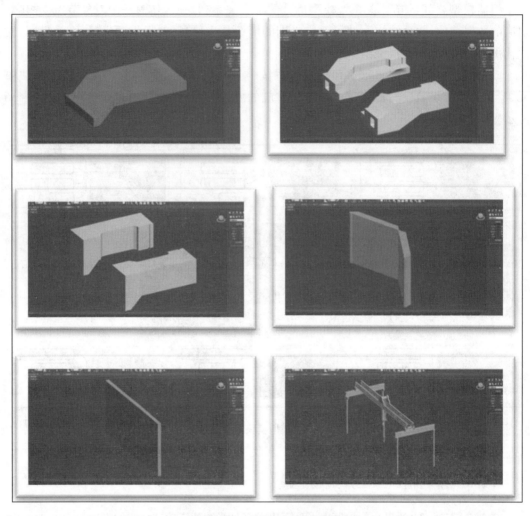

图 2 - 37　上闸首拆分细部图

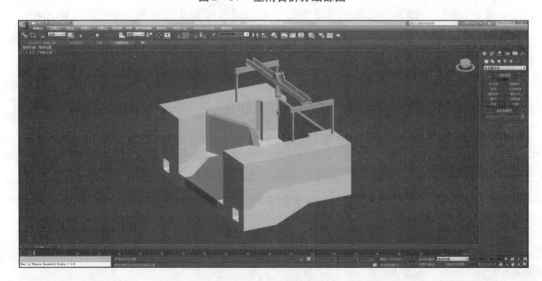

图 2 - 38　上闸首模型

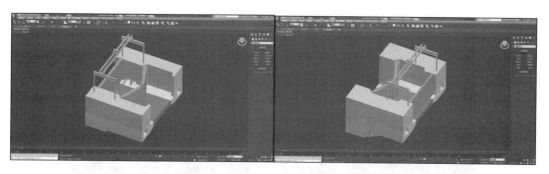

图 2 – 39　上闸首模型　　　　　　　　　图 2 – 40　下闸首模型

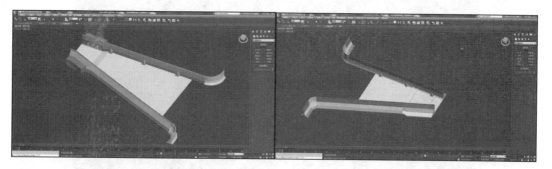

图 2 – 41　上游导航墙模型　　　　　　　图 2 – 42　下游导航墙模型

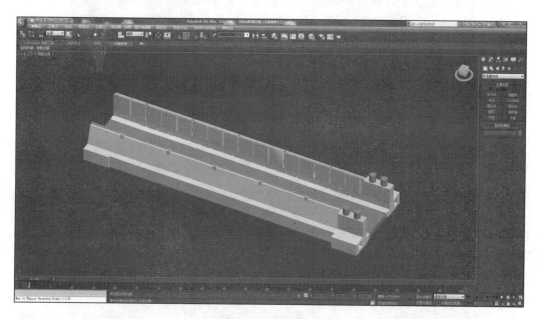

图 2 – 43　闸室模型

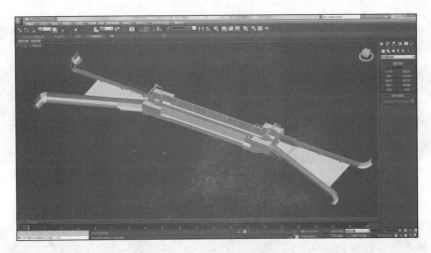

图 2 - 44　　船闸总体模型

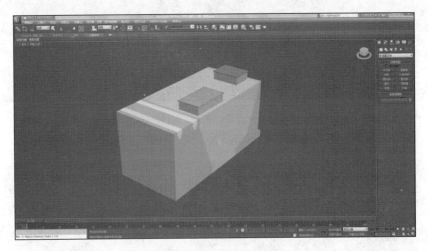

图 2 - 45　　门库模型

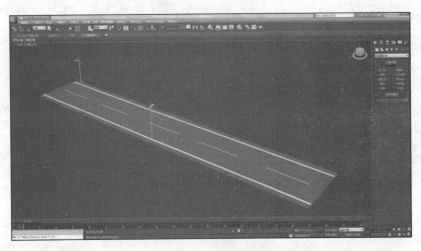

图 2 - 46　　坝上公路模型

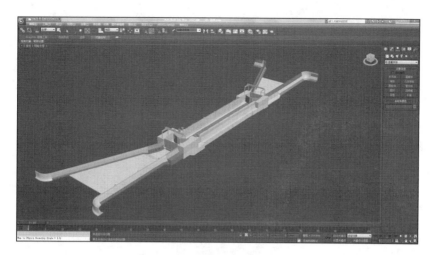

图 2 – 47　船闸模型

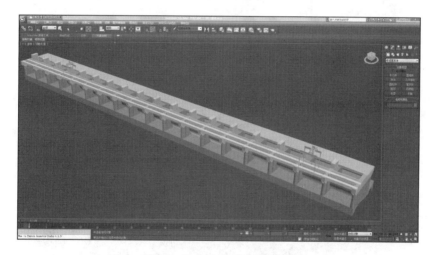

图 2 – 48　18 孔泄洪闸模型

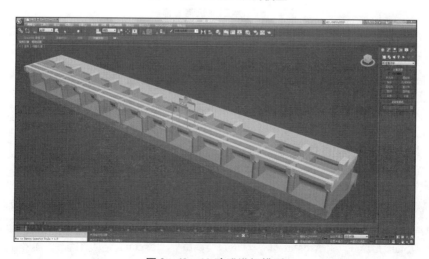

图 2 – 49　12 孔泄洪闸模型

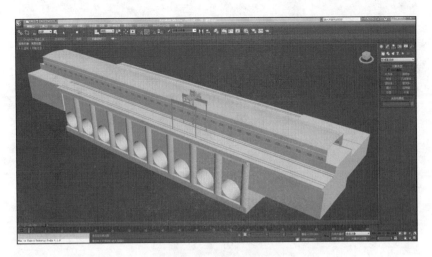

图 2 - 50　厂房模型

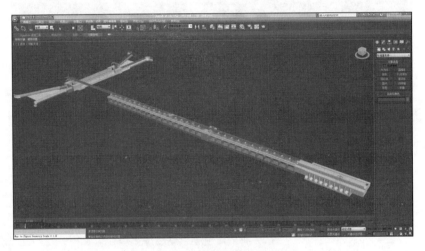

图 2 - 51　水工建筑物总体模型

2.3　水利枢纽 GIS 动态可视化展示

2.3.1　地理坐标信息提取

地理坐标信息提取技术,即将准确的地理坐标信息提取储存到. shp 文件。针对基于 3ds Max 软件平台建造的水工建筑物模型不含坐标信息的特点,利用地理配准技术将工程平面布置图进行地理配准,然后调用 ArcMap,创建. shp 文件,选择格式为面。调用 ArcMap/ File/Editor/Start Editing 和 ArcMap/File/Creat Features/Plygon,遵从工程平面布置图,绘制. shp 文件,以此提取坐标信息,如图 2 - 52 所示。

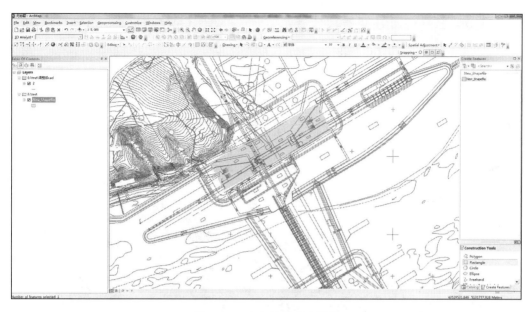

图 2 - 52　船闸坐标信息提取

2.3.2　三维模型的地理信息赋予

三维模型的地理信息赋予技术，即将提取的地理坐标信息赋予水工建筑物模型的技术。将基于 3ds Max 软件平台建造的水工建筑物模型存储为 .obj 格式的模型，然后 Cityengine 同时调用 .shp 文件和三维模型文件，基于三维模型利用编码创建新的 cga 模型规则，并将其与导入的 .shp 文件融合，赋予其坐标信息，导出格式为 .gdb 的三维水工建筑物模型，如图 2 - 53 所示。

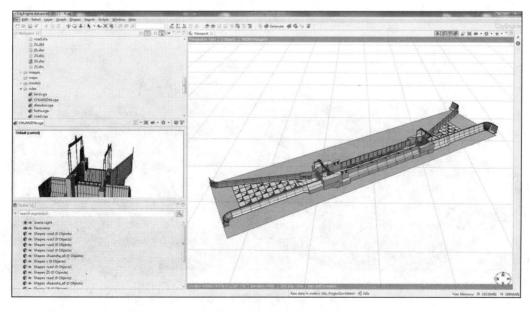

图 2 - 53　船闸地理坐标信息赋予

2.3.3 多系统三维场景耦合展示

三维场景集成展示技术,即将基于 GIS 水利枢纽搭建的三维数字地形和基于 3ds Max 软件平台建立的水利枢纽水工建筑物三维模型从多坐标系耦合到同一坐标,在同一个坐标系统下展示的过程。用 ArcScene/Add Data 将所有已完成模型和数字地形融合,检查模型与数字地形契合度,优化光照、贴图。如图 2 – 54 至图 2 – 60 所示。

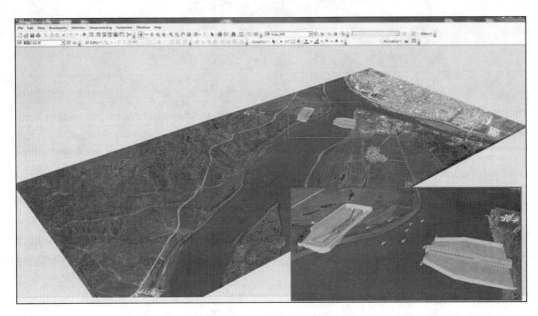

图 2 – 54 一期施工场景融合

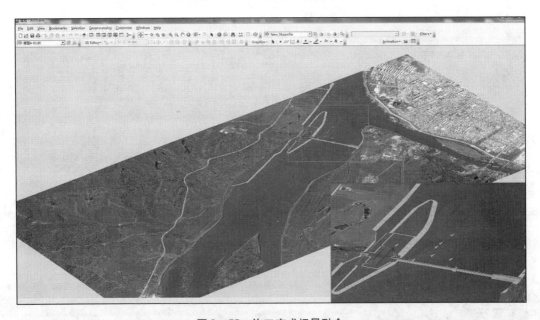

图 2 – 55 施工完成场景融合

图 2 - 56　坝远景融合图

图 2 - 57　俯视图

图 2 - 58　船闸视角融合图

图 2 - 59　坝前视角

图 2-60　坝后视角

2.4　基于 GIS 的水利枢纽二、三维交互集成方法

二维 GIS 具有宏观性、整体性、简洁性等优点,以分布图和分区图的形式进行可视化表达。二维 GIS 将三维的空间信息映射为二维的平面信息来描述多维的现实世界,高程和纹理等信息的缺失,使之不能对工程施工信息进行准确有效的表达。因此传统的二维 GIS 可视化表达存在数据挖掘能力和施工管理表达效果方面的不足的缺点。三维 GIS 以立体造型技术给用户展现地理空间,不仅能够表达空间对象间的平行关系,而且能描述和表达它们之间的垂向关系。尽管三维可视化 GIS 的出现弥补了很多二维 GIS 的自身缺陷,但是单纯三维 GIS 缺乏整体感,容易让人产生方向和位置的迷失。

传统的二维地理信息系统技术成熟,但缺乏三维可视化和分析的能力,而目前的三维地理信息系统拥有三维可视化的分析能力,不过缺少二维地理信息系统的便捷。通过结合二、三维 GIS 的优势思想,设计出一种基于二、三维混合结构的 GIS 系统,包含了二维 GIS 环境和三维 GIS 环境,提供二维场景,三维场景和二、三维场景联动三种操作模式,施工进度动态管理在各种模式下均有相应的可视化及分析方法,并提供了三种模式下分析结果的多维可视化表达和输出。

基于 GIS 的二、三维联动设计方案,探索二、三维联动技术的原理、实现方法等问题,设计基于二、三维混合结构的 GIS 可视化系统,同时包含二、三维 GIS 环境并支持二、三维联动模式下施工动态管理,利用 ArcGIS Engine 二次开发实现 GIS 系统二、三维联动的开发设计,对 GIS 系统开发做出了一种新的、有益的尝试,最终将二、三维 GIS 各自的优点整合到一个完整的可视化系统中,并通过一定的联动机制使二者的数据显示与操作同步。

2.4.1　基本原理

系统地理坐标是对应的二维部分和三维部分,以及二维下图层数据对应的三维部分中各种空间地物模型,是二、三维联动实现的途径,可以在可视化层面和数据层面这两个层面上具体进行。

可视化层面二、三维联动的实质是三维场景的空间位置与二维下图层中的地理坐标通过坐标映射相对应,同时为了保持它们变化时的同步,可以通过交互式的事件,触发二、三维联动机制来进行。在进行交互操作时,要增加对二、三维场景信息实时刷新的事件,触发二三维联动机制,以达到保证在交互操作下的场景信息同步。具体步骤如下:

Step 1:鼠标点击二维场景(X,Y)对应的地形点为 Z 坐标,则$(X,Y,Z)=(X,Y,Z)\boldsymbol{T}^{-1}$($\boldsymbol{T}$ 为三维向二维投影的矩阵),Select (*** from _ = X,_ = Y)得到三维坐标。

Step 2:鼠标捕捉到屏幕的坐标对应的属性建筑物的 ID 号 Select (* * , from database, where ID = " ")。

考虑施工动态可视化管理的基本特点,以及建筑物的信息获取、二、三维效果,水工建筑物信息与空间地理位置,本系统采用热连接的方式,把某一图元和另外的图形、文本文件、数据库、图层或应用模型等对象连接起来,启动热连接,用鼠标点中图元,能立即显示出与该图元相连接的对象。具体技术流程如下:以 GIS 为载体开发和建立数据库,然后与系统仿真模型库和方法库建立连接,从而形成一个完整的可视化图形仿真系统,用以实现对各种地理空间信息进行采集、存储、检索、综合分析和可视化表达的信息处理和管理等功能。通过内部代码和用户标识码作为公共数据项,将空间数据和属性数据连接起来,使得描述图素的属性数据与其图素和三维模型建立一一对应关系。具体来说,描述实体要素 $F(i)$、三维模型 $M(i)$ 及属性信息 $P(i)$ 的关联标识,空间数据和属性数据通过系统编码 ID 和标识码以相互贯通方式连接起来,使得构成空间对象的每一个实体要素、三维模型、该图元的属性信息建立一一对应关系 $F(i)\leftrightarrow M(i)\leftrightarrow P(i)$,高亮显示图元对应模型要素。具体关系如图 2 –61 所示。空间数据组织结构为数字地形与三维水工建筑物模型的可视化空间操作和分析提供了条件,从而为施工动态仿真奠定了基础。

当二、三维视图联动时,两个视图其中一个位置状态发生改变时,通过事件机制,使另一视图发生相同范围的改变,能够轻松实现二维、三维界面的数据同步调度显示,达到实体数据联动,同时引申出另外一些联动效果,如属性查询一致性、选择一致性、分析一致性。属性查询一致性是指在二维或三维视图里点击同一实体,显示相同的属性信息;选择一致性是指在一个视图里选择高亮的实体,另一视图也会同时高亮;分析一致性是指在两个视图都能实现分析功能,利用闪动的方式对当前施工状态同时在二维和三维中进行呈现。进行分析时,保持表现形式的一致性。用户可以通过绕 X,Y,Z 三轴任意旋转、缩放、改变视点的位置和观察方向进行透视显示,或选取一定的线路进行穿越漫游,并可根据需要灵活显示专题图层,从而增进对工程施工系统的全面理解。

2.4.2　实现方法

考虑到施工场景下的水工建筑物研究对象的单一性与普遍性,并针对施工动态可视化管理的特点,构建一种基于要素信息联动的施工场景相互转换方法,对当前选取的要素进行三维场景

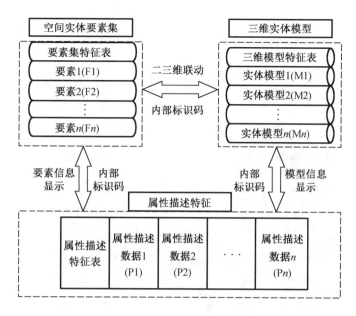

图 2 - 61　二、三维联动基本原理

下的高亮闪烁,同时二、三维信息通过后台数据库的信息相互传递共享,最终实现二维场景与三维场景相互联动,包括实时的坐标联动、实体数据联动、属性信息联动。

技术流程是对 axMapcontrol 下的二维场景中的要素利用鼠标事件,采取拉框或点选的方式进行选取,获取要素的属性值(包括 ID 值或编号及相关属性信息),然后利用 SQL 语句对要素信息进行判断(一方面是要素的个数,另一方面是二维场景要素对应的三维模型),最后通过事件机制转换到三维窗口 axSencecontrol 下的施工场景,调整观察视角与高度,并通过高亮闪烁的方式,生动地显示对应的三维水工建筑物模型。具体步骤如下:

Step 1:构建二维场景联动机制

(1)基于 GIS 空间要素可编辑原理,打开 ArcMap 10.1 软件,添加校准好的数字影像和高程模型数据(DEM),同时融合三维水工建筑物图形要素,利用 editor 工具创建面要素图层(.shp)(三维窗体下已有影像图、三维建筑物模型)(图 2 - 62)。

(2)建立目录下的 Shapefile,定义为面文件,地理坐标系统为 Beijing 54,投影坐标系为高斯克吕格中的"Beijing 54 3 Degree GK Zone 43",高程坐标系为黄海坐标系(图 2 - 63)。

(3)添加属性表。在 Open Attribute Table 中添加自己需要的属性表,按照规则添加满足联动机制的要素信息(图 2 - 64)。

(4)创建面要素,点击开始编辑(Edit),选择刚才建立的面文件,然后选择面要素,手动画出建筑物轮廓图,最后保存编辑(图 2 - 65)。

(5)设置要素 ID 值,右击图层要素,设置获取的属性表(图 2 - 66),修改即可。

(6)退出编辑,保存文件。

Step 2:三维场景联动机制

通过 ID 将二维图元要素与三维水工建筑物联系起来,对于三维模型,将起始模型的图层 Index 设置为 0,同时把每个建筑物模型的图层的位置编码记录保存,然后根据二维图层要素 ID 号逐一编写,完成三维场景的联动机制。

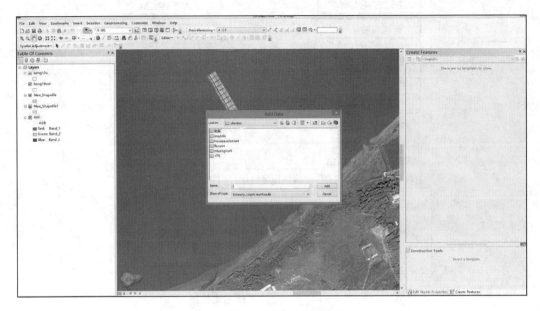

图 2 - 62　二维场景创建要素

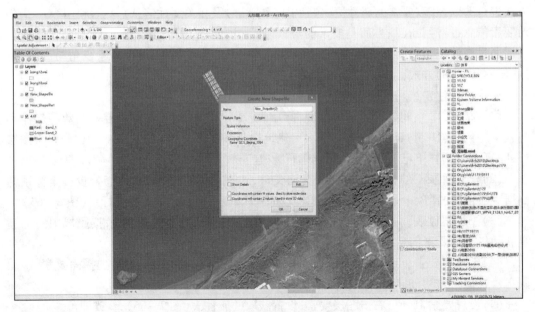

图 2 - 63　投影坐标系选择

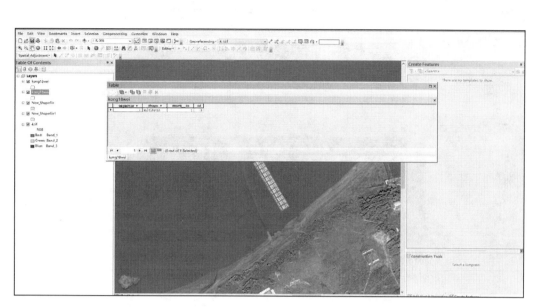

图 2 - 64　属性表添加

图 2 - 65　创建面要素

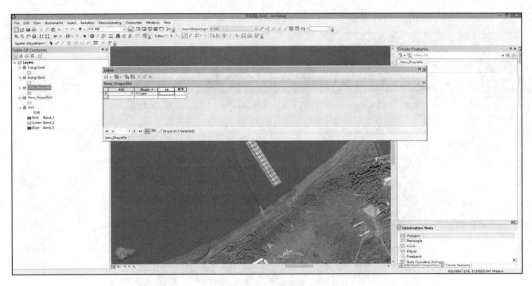

图 2－66　设置属性表

Step 3：系统功能测试框架

（1）添加二、三维联动相关控件，包括 AxMapcontrol，AxSencecontrol，AxLenceControl，SpliterControl，AxToolBarControl，XtraTabControl 等。

（2）通过 Microsoft Visual Studio 2010 加载嵌入式 GIS 二次开发组件，进行排版布局设计，功能测试界面如图 2－67 所示。

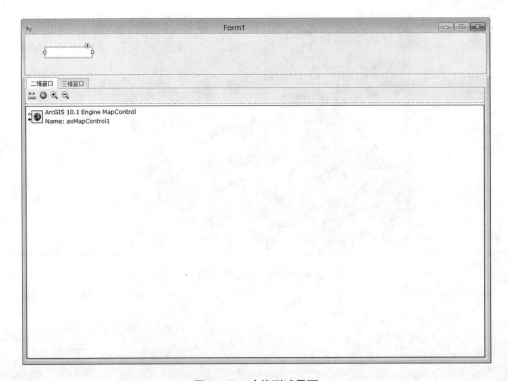

图 2－67　功能测试界面

（3）代码实现。添加引用：

using ESRI. ArcGIS. DataSourcesGDB；

using ESRI. ArcGIS. Geodatabase；

using ESRI. ArcGIS. Carto；

using ESRI. ArcGIS. Geometry；

using ESRI. ArcGIS. Display；

using ESRI. ArcGIS. Controls；

using ESRI. ArcGIS. ArcScene；

using ESRI. ArcGIS. Analyst3D；

using ESRI. ArcGIS. esriSystem；

Program. cs 下

ESRI. ArcGIS. RuntimeManager. Bind(ESRI. ArcGIS. ProductCode. EngineOrDesktop)；

选取要素：(AxMapcontrol 的 OnMouseDown 事件下)

int i = 0；

axMapControl1. MousePointer = esriControlsMousePointer. esriPointerDefault；

IGeometry g = null；

IEnvelope pEnv；

IActiveView pActiveView = axMapControl1. ActiveView；

IMap pMap = axMapControl1. Map；

pEnv = axMapControl1. TrackRectangle( )；

if (pEnv. IsEmpty == true)

{

ESRI. ArcGIS. esriSystem. tagRECT r；

r. bottom = e. y + 5；

r. top = e. y − 5；

r. left = e. x − 5；

r. right = e. x + 5；

pActiveView. ScreenDisplay. DisplayTransformation. TransformRect

(pEnv, ref r, 4)；

pEnv. SpatialReference = pActiveView. FocusMap. SpatialReference；

}

g = pEnv as IGeometry；

axMapControl1. Map. SelectByShape(g, null, false)；

axMapControl1. Refresh(esriViewDrawPhase. esriViewGeoSelection, null, null)；

ISelection selection = pMap. FeatureSelection；

ISelectionEnvironment pSelectionEnv = new SelectionEnvironment( )；

IRgbColor pColor = new RgbColor( )；

pColor. Red = 255；

pSelectionEnv. DefaultColor = pColor；

```
IEnumFeatureSetup enumFeatureSetup = selection as IEnumFeatureSetup;
enumFeatureSetup. AllFields = true;
IEnumFeature enumFeature = enumFeatureSetup as IEnumFeature;
IFeature feature = enumFeature. Next();
while (feature ! = null)
{
i ++;
cell = feature. get_Value(2). ToString();
feature = enumFeature. Next();
}
if (i >2)
{
MessageBox. Show("请选择单一要素");
}
textBox1. Text = i. ToString();
```

在上述代码中,前半部分通过 IGeometry IEnvelope IActiveView IMap 接口,选取图元要素(点选或是拉框选),并且获取要素的 ID 值与要素个数。为了防止在选取两个及以上的要素时造成三维模型显示的混乱,当选择要素多于两个的时候,利用 MessageBox 提示要素选择过多。

(4)通过鼠标 OnDoubleClick 事件进行要素判断。

```
if (cell == "")
{
return;
}
if (cell == "1")
{
shandong1 = "1";
xtraTabControl1. SelectedTabPageIndex = 1;
IActiveView activeView;
activeView = this. axSceneControl1. SceneGraph. Scene as IActiveView;
IFeatureLayer flyr1 = (IFeatureLayer) axSceneControl1. SceneGraph. Scene. get_Layer(0);
IEnvelope envelope;
envelope = flyr1. AreaOfInterest. Envelope;
envelope. Height = 2000;
envelope. Intersect(envelope);
activeView. Extent = envelope;
ICamera pCamera = axSceneControl1. Camera as ICamera;
activeView. Refresh();
timer1. Enabled = true;
```

```
}
if ( cell  ==  "2" )
{
shandong1 = "2" ;
timer1. Enabled = true ;
}
axSceneControl1. SceneGraph. RefreshViewers( ) ;
```

在上述代码实现过程中,通过对图元要素 ID 号(cell 字符)进行判断,确定对应的三维模型,并且设置观察高度(envelope),改变视角,通过模型要素判断,确定三维水工模型,最后激活 Timer 事件来实现动态闪烁功能。

```
IFeatureLayer flyr1 = ( IFeatureLayer ) axSceneControl1. SceneGraph. Scene. get_Layer( 1 ) ;
IFeatureLayer flyr5 = ( IFeatureLayer ) axSceneControl1. SceneGraph. Scene. get_Layer( 3 ) ;
IFeatureLayer flyr8 = ( IFeatureLayer ) axSceneControl1. SceneGraph. Scene. get_Layer( 6 ) ;
IFeatureLayer flyr11 = ( IFeatureLayer ) axSceneControl1. SceneGraph. Scene. get_Layer( 9 ) ;
IFeatureLayer flyr14 = ( IFeatureLayer ) axSceneControl1. SceneGraph. Scene. get_Layer( 12 ) ;
if ( shandong1 ==  "1" )
{
if ( flyr1. Visible ==  true )
{
flyr1. Visible = false ;
}
else
{
flyr1. Visible = true ;
}
axSceneControl1. SceneGraph. RefreshViewers( ) ;
```

针对二、三维交互集成过程的运行效果缓慢的问题,通过切换二、三维窗口的时候将关闭 Timer 事件(xtraTabControl1_Selected 事件)的方法,实现系统整体运行流畅。

```
if ( xtraTabControl1. TabIndex ==0 )
{
timer1. Enabled = false ;
}
```

第四步:二、三维联动实现效果图(图 2 - 68、图 2 - 69)

图 2 - 68　二、三维联动二维图示

图 2 - 69　二、三维联动三维图示

2.5　基于 GIS 的工程可视化

2.5.1　工程设计交互技术

为实现施工可视化管理设计中的交互式操作,必须有一个良好的用户界面以及不同应用程序间的数据接口,而且还应实现设计过程中定位、定向、拖动、徒手画、文本输入等交互输入与控制等功能。

1. 定位技术

定位指的是指定一个坐标点,同时确定坐标维数、分辨率、精度等。定位技术主要有用图形输入板或鼠标控制光标定位、键入坐标定位和叉丝定位三种方式。

2. 定向技术

定向指的是在一个坐标系中规定形体的一个方向。一般采用键入角度值的方式来实现。在使用定向技术时要考虑坐标系、旋转中心、观察效果等问题。坐标系一般取用户坐标系,旋转中心可以用用户坐标系的原点,也可指定物体中心点或任意参考点作为旋转中心,并在屏幕上表示出旋转效果。

3. 定路径技术

定路径即在一定的时间或一定的空间内,确定一系列的定位点和方向角。它可由定位和定向两种交互操作来实现,但同时需要考虑点的排列次序。

4. 橡皮筋技术

橡皮筋技术主要是针对变形的要求,动态连续地将变形过程表现出来,直到产生用户满意的结果为止。常用的有橡皮筋线、带水平或垂直约束的橡皮筋线、橡皮筋圆、橡皮筋多边形、橡皮筋棱锥等。

5. 徒手画技术

徒手画技术用以满足用户绘制任意图形的要求。首先基于时间(或距离)采样取点,然后用折线或拟合曲线连接这些点,生成图形。如果是粗笔画,则可用区域填色技术跟踪笔画走过的区域。

6. 拖动技术

拖动技术是将形体在空间移动的过程动态、连续地表示出来,直至移到满足用户要求的位置为止。

2.5.2　三维图形显示技术

由于显示设备是二维的,三维形体的几何造型经投影变化为二维后,才能在屏幕上显示。对于要得到真实感的图形,需对其进行消隐、明暗处理、纹理等渲染操作。

1. 消隐(可视点、线、面的判别和显示)

三维模型到二维屏幕上的投影不是一一对应的,为避免产生画面的二义性,需要对不透明的点、线、面进行隐藏(处于离视点最近的点被认为可见,后面的点均被挡住)。消隐算法一般有 Roberts 算法、Warnock 算法、深度缓冲器算法和画家算法等。

2. 明暗处理

消隐后对物体表面做明暗处理,可增加真实感,涉及能反映反射、吸收、环境的光照模型,以及阴影、透明等生成算法。

3. 颜色及纹理

颜色表示一般采用 RGB 模型,用红、蓝、绿三种颜色叠加出丰富多彩的色彩世界。纹理的生成,既可直接利用系统调色板功能生成,又可以通过实物图像的匹配与贴合来实现。

2.5.3　基于 GIS 的设计成果演示器设计

设计过程中设计对象的显示与动态演示可以在集成的 GIS 环境中实现。这一功能的实现关键是设计数据在 GIS 中的可视化过程。首先要经过数据过滤,使原始数据转化为适合后续可视化操作的表示形式或格式,然后把形式化之后的数据映射到能反映其几何特征、颜色、透明度等属性的抽象可视化对象(AVO),再用计算机图形学及图像处理技术把 AVO 转换为可显示的图像,再经消隐、光照、颜色、纹理等渲染处理,最后将其传至显示设备显示出来。这样,可以直观地帮助设计者对设计结果进行分析,并反馈设计。图 2 - 70 反映了设计数据在成果演示器中的可视化及应用过程。

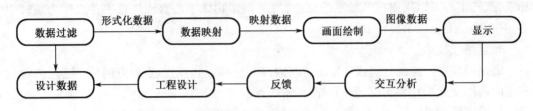

图 2 - 70　成果演示器中可视化及应用过程

　　基于 GIS 的动态演示是指对具有时空特征的工程设计对象动态面貌的再现。GIS 技术特有的空间数据组织形式,把设计对象的几何特征(形体)与时间属性之间建立了一一对应关系,利用这种对应关系,根据时间就可获取设计对象对应的几何形体。所以,可以按时间顺序不断地获取设计对象的几何形体,并将其绘制出来,同时不断地刷新屏幕显示,这样就为实现工程设计对象按时间的动态面貌演示奠定了基础。

第 3 章　施工进度动态管理及过程仿真关键技术

3.1　数据库挖掘

数据挖掘是从大量的、不完全的、有噪声的、模糊的、随机的实际应用数据中,提取隐含在其中的,人们事先不知道的,但又是潜在的、有用的信息和知识的过程。数据挖掘方法与传统数据分析方法的主要区别在于数据挖掘是在没有假设的前提下挖掘信息和发现知识,而传统数据分析方法一般都是先给定一个假设然后通过数据验证。总的来说,数据挖掘方法通过大量的搜索工作从数据中自动提取并生成某种模式,所获取的信息具有未知性、有效性和实用性这 3 个特点。

数据挖掘的对象可以包括各种类型的现存数据文件,即经典的关系型数据库文件、半结构化乃至部分非结构化的文本型数据文件、超文本数据文件和新型的多媒体数据文件等。近年来,随着数据库技术的发展,特别是数据仓库技术的兴起和应用,它可以从各类操作型数据库文件中抽取数据,经过集成、清洗、转换、加载等处理,为数据挖掘的实施提供有效的数据保证。其中,经典的关系型数据库文件和其拓展的数据仓库已成为目前广泛应用的主流数据源,是数据挖掘技术所涉及的主要数据挖掘对象。

可视化数据挖掘是从大量数据中发现知识的有效途径。通过将可视化技术与数据挖掘过程相结合,用直观的图形、图表将信息模式、数据关联或趋势呈现出来,可以提高用户对数据的理解,进而指导数据挖掘。可视化数据挖掘是近几年数据挖掘领域的研究热点之一,系统地研究和开发可视化数据挖掘技术可以帮助人们主动去发现知识,有助于数据挖掘工具的普遍推广与应用。

3.1.1　空间数据挖掘设计原理

空间数据挖掘系统大致可以分为 3 层结构,如图 3 – 1 所示。第一层是数据源,指利用空间数据库或数据仓库管理系统提供的索引、查询、优化等功能,获取和提炼与问题领域相关的数据,或直接利用存储在空间数据立方体中的数据,这些数据可称为数据挖掘的数据源或信息库。在这个过程中,用户直接通过空间数据库(数据仓库)管理工具交互地选取与任务相关的数据,并将查询和检索的结果进行必要的可视化分析,多次反复,提炼出与问题领域有关的数据,或通过空间数据立方体的聚集、上钻、下翻、切块、旋转等分析操作,抽取与问题领域有关的数据,然后再开始进行数据挖掘和知识发现过程。第二层是挖掘器,利用空间数据挖掘系统中的各种数据挖掘方法分析被提取的数据,一般采用交互方式,由用户根据问题的类型以及数据的类型和规模,选用合适的数据挖掘方法,但对于某些特定的数据挖掘系统,可自动选用挖掘的方法。第三层是用户界面,使用多种方式(如可视化工具)将获取的信息和发现的知识以便于用户理解和观察的方式反映给用户,用户对发现的知识进行分析和评价,并将知识提供给空间决策使用,或将有用的知识存入领域知识库内。因此在整个数据挖掘过程中,用户能够控制每一步。一般来说,数据挖掘和知识发现的多个步骤相互连接,需要反复进行人机交互操作,才能得到满意的结果。显然,在整个数据挖掘过程中,良好的人机交互用户界面是顺利进行数据挖掘并取得满意结果的基础。

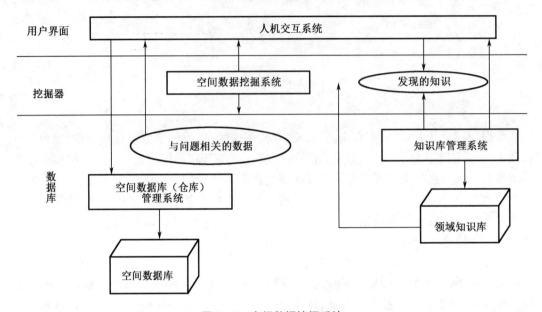

图 3-1　空间数据挖掘系统

3.1.2　GIS 与空间数据挖掘集成技术

GIS 的对象是地理实体,GIS 的操作对象是地理实体的数据。GIS 的技术优势在于它的混合数据结构和有效的数据集成、独特的地理空间分析能力、快速的空间定位搜索和复杂的查询功能等。其中,通过地理空间分析可以产生常规方法难以获得的重要信息,实现在系统支持下的地理过程动态模拟和决策支持。然而,通用 GIS 的数据管理、查询和空间分析功能对于大多数的应用问题是远远不够的。根据某种应用目标和任务要求,从相应专业或学科出发,对客观世界进行深入分析研究,GIS 与空间数据挖掘集成技术的研究是重点研究的方向之一。GIS 与空间数据挖掘技术集成主要是利用空间数据挖掘技术提取隐含在存储于 GIS 数据库中的庞大数据量的空间数据和属性数据之后的知识,因此集成问题的关键是如何共享 GIS 中的数据。GIS 与空间数据挖掘集成的模式主要有 3 种。

1. 松散涡合式

松散涡合式,也称外部空间数据挖掘模式。该模式基本是将 GIS 当作一个空间数据库看待,在 GIS 环境外部借助其他软件或计算机语言进行空间数据挖掘,其与 GIS 之间采用数据通信的方式联系。图 3-2 为基于扩展式数据库管理的 GIS 与空间数据挖掘技术集成的框架图。

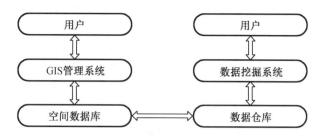

图 3-2 基于扩展式数据库管理的 GIS 与空间数据挖掘技术集成的框架图

2. 嵌入式

嵌入式又称内部空间数据挖掘模式。该模式将空间数据挖掘器作为 GIS 的一个内置模块,利用空间查询、空间分析或直接从 GIS 数据库中提取所需样本数据,使用数据挖掘器提取这些数据背后隐含的内在规律,用于指导当前数据或放入专家知识库。图 3-3 为基于扩展式数据库管理的 GIS 与空间数据挖掘技术嵌入式集成模式框架图。

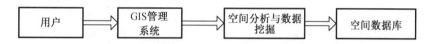

图 3-3 基于扩展式数据库管理的 GIS 与空间数据挖掘技术嵌入式集成模式框架图

3. 混合式

混合式是前两种方法的结合。尽可能利用 GIS 提供的功能,最大限度地减少用户自行开发的工作量和难度,又保持外部空间数据挖掘模式的灵活性。如图 3-4 所示。

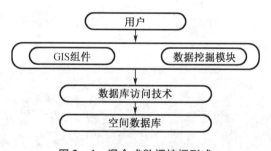

图 3-4 混合式数据挖掘形式

3.1.3 空间数据库与属性数据库构建

利用 C/S 体系性能稳定的特点来管理和维护应用系统,用于大量数据统计、图形化操作、批量处理、年度汇总等大规模的数据库更新和维护。C/S 体系结构提供给水利管理部门专业人员使用,由服务器完成数据的存储和处理,客户端实现应用界面操作。B/S 模式体系开发方式是客户端只要有浏览器就能在线访问服务器端的内容。如图 3-5 所示。

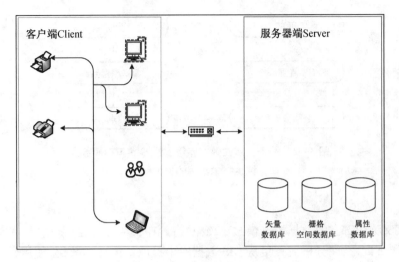

图 3-5　C/S 体系模式

水利枢纽工程 3DVS 实现方法,是将水利枢纽的所有相关数据录入到数据库中,是构建系统的关键,此过程亦称数据采集,主要通过数据库管理系统来完成属性数据与空间数据的存储和管理。在水利枢纽可视化数据库系统中,利用 ArcGIS 下的 Personal Geodatabase,通过 ArcGIS SDE 存储空间数据,利用 SQL Server 2008 数据库存储属性数据。水利枢纽数据库结构如图 3-6 所示。

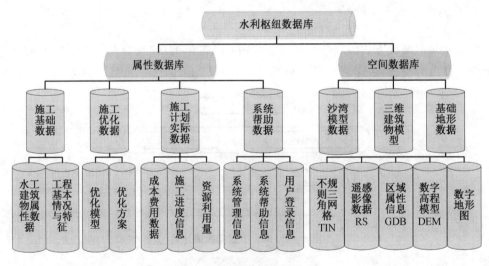

图 3-6　水利枢纽数据库结构

1. 属性数据库

施工基础数据库包括存储水利枢纽工程(包括已建和在建)的固定特征和基本情况,主要包括水工建筑物属性数据库与工程基本情况和特征。水工建筑物属性数据库是对水利枢纽工程施工过程中的所有建筑物的基本信息与基本情况的数据存储,包括围堰、坝上公路、场内交通设施、厂房工程、泄洪闸工程、门库坝段、船闸工程、土坝工程、护岸工程、航道工程、土石方开挖工程、混凝土浇筑工程、土石方回填工程等相关信息,涉及工程的基本建筑物信息、工程信息、施工信息、安全标准等;工程基本情况和特征是对实验区水利枢纽工程总体状态信息进行存储,包括对水利枢纽工程区段的地理、人文、自然、环境等相关因素的基本信息,涉及工程设计的基本过程与工程远期目标,以及水利枢纽工程运行产生的效益影响预估、工程建设方面基本要求与整体工程设计、施工、运行、管理等部分的基本特征。

施工优化数据是用于存储施工进度调整数据、施工优化模型、施工优化结果等相关信息,主要是针对工期推迟－资源,资源不足－工期,工期提前－资源等施工进度优化模型,利用仿生优化算法对不同工程情况下的施工模型求解,将获得的优化结果保存到数据库备用,同时收集各种施工模型的案例分析。

施工计划实际数据用于存储水利枢纽工程各个施工段的施工进度信息,包括工程名称、工程状态、计划开始时间、计划结束时间、实际开始时间、实际结束时间、计划工期、实际工期、停工日期、复工日期、期望开始时间、期望结束时间、规定开始时间、规定结束时间、计划施工强度、施工强度上限、施工强度下限、工程备注、资源量、机械使用情况、费用使用情况等。通过施工计划实际数据处理,利用施工网络图、施工横道图、施工 S 曲线的方式展现施工当前状态。

系统帮助数据包括系统管理信息、系统导航信息、用户登录信息 3 大方面,主要存储系统用户信息、系统导航,帮助用户更加便捷地使用该系统以及系统的其他一些附属功能。

2. 空间数据库

水流模型数据是利用多纹理替换技术,采用 ArcGIS,3ds Max,CityEngine 软件,制作同一水流模拟面,创建一套表示水流的纹理图层,在三维场景下随时间推移依次设为当前水流纹理,从而实现水面流动效果。

三维建筑物模型数据包括水利枢纽各个部分的建筑物模型,包括厂房、门库、泄洪闸、船闸、围堰、坝上公路等模型,对于精细化模型,以船闸模型为例,包括上闸首工程、下闸首工程、闸室工程、上游导航墙工程、下游导航墙工程等。

基础地形数据主要是研究水利枢纽区段的地形资料,包括不规则三角网格 TIN、遥感影像数据、区域属性信息 GDB、数字高程模型 DEM、数字地形图,如图 3 -7 至图 3 -10 所示。

图 3 -7　地形图

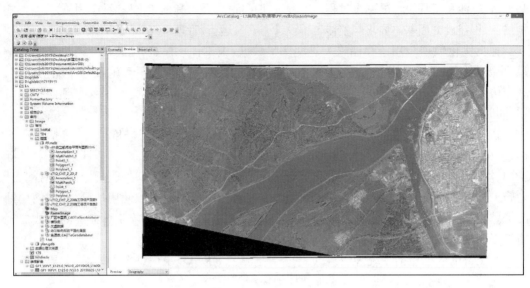

图 3 - 8　遥感影像图

图 3 - 9　矢量图

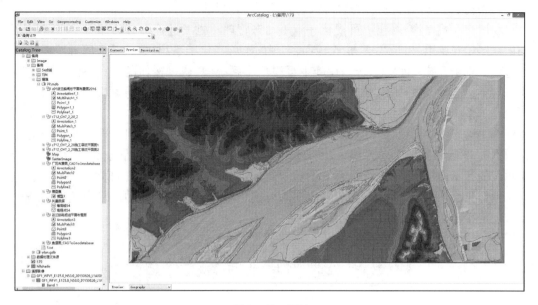

图 3 – 10　TIN

3.2　多系统数据耦合共享

多系统数据耦合共享涵盖的范围比较广泛,既有硬件设备的集成,也有软件组件的集成。软硬件的集成应该同步发展、相互协调,以避免出现硬件设备的闲置和系统不能有效运行或软件与硬件不配套、无法使用的情况。对于施工动态三维可视化管理系统,多系统之间无缝耦合是系统整体运行的重要保证,基于 Visual Studio 2010 软件,加载 ArcGIS Engine 二次开发组件,利用代码和控件接口,调用施工三维场景文件,同时考虑到施工动态可视化管理的数据量庞大和冗杂,利用 SQL Server 2008 数据库存储相关信息,基于 SQL 语言与 C#可编辑语言,构建后台数据库与前台系统的数据桥梁,实现数据实时动态更新、系统数据框架填充、系统修改和生成数据存储等。

数字地形系统与水工建筑物模型系统构建之后,并不能立即组合构成水利枢纽研究区段的三维场景,因为数字地形与水工建筑物模型并不完全匹配,存在相互遮挡或相互分离,不能真实反映研究区段的实际情况,需进行全视景融合处理来集成整个三维场景。考虑 CityEngine 对 GIS 数据的支持,基于 GIS 理论、3ds Max 和 CityEngine 的三维场景融合技术主要包括 3 个部分:其一是按照地形中高清影像的相应平面位置摆放数字建筑物;其二是针对数字建筑物摆放平整合理,无悬空或陷入的特点,对集成的场景进行修正优化;其三是根据施工总体布置图要求,对局部地形进行填挖,即 TIN 模型的修改。利用 3ds Max 的 UV 贴图功能,对建好的三维水工建筑物模型进行纹理贴图,用图片纹理代替模型凹凸与材质渲染,将这些贴图赋予导出的低面模型作为细节的补充,使三维水工建筑物模型更加真实。最后将地理配准后的建筑物布置图与原始地形 TIN 进行融合相交,利用 GIS 工具编辑生成地形开挖的相交边界,然后根据需要开挖地形区域的等高线与高程点数据,从 TIN 模型上沿相交线切去初始形体面所包含的地形区域,构成经开挖后的新的地形 TIN 模型。

利用交互式操作,以施工可视化—施工动态管理—施工过程仿真为纽带,实现模块之间的数据相互调用、相互共享、相互传递,实现施工可视化子系统、施工动态管理子系统、施工过程仿真子系统之间的耦合。在施工可视化子系统中,通过按钮的方式,针对当前工程状态与工程名称,进行调用相对应的施工动态管理模块与施工过程仿真模块,实现在施工可视化子系统中查看三维场景的同时,能够进行施工进度调整和当前施工过程仿真。水利枢纽施工动态三维可视化管理系统,以施工信息子系统为数据接口,具有收集、整理相关施工数据的功能,按照施工总系统平台的设计框架,结合施工单位基本情况,设计针对每个施工单位的施工信息子系统,既是系统的重要组成部分,又是独自的个体模块。基于上述多系统耦合机制,实现水利枢纽施工三维动态可视化管理系统各个模型的耦合运行,为整个系统稳定性与功能多样性提供技术支撑。

3.3　数据库挖掘技术与施工管理实现

从广义上说,数据库挖掘技术是指从实际获得的大量、无规律、复杂的数据中发掘隐含的有潜在应用价值的信息和知识的过程。数据库中包含多个关系数据库,关系数据库是表的集合,每个表都赋予唯一的名字。每个表包含一组属性(列或字段),并通常存放大量元组(记录或行)。关系表中的每个元组代表一个被唯一的关键字标识的对象,并被一组属性值描述。关系数据库是数据挖掘最流行的、最丰富的数据源,是数据挖掘研究的主要数据形式之一,可以通过数据库查询访问。

数据挖掘是通过自动或半自动的工具对数据进行探索和分析的过程,其目的是发现其中有意义的模式和规律。其包括 6 个阶段,分别为任务理解、数据理解、数据准备、建立模型、模型评估和实施部署。

(1)任务理解。这个阶段的主要任务是理解项目目标和从业务的角度理解需求,同时将其转化为数据挖掘问题的定义和实现目标的初步计划。

(2)数据理解。数据理解阶段从最初的数据收集开始,通过一些活动的处理来熟悉数据,识别数据的质量问题,发现数据的内部属性,或是探索引起兴趣的子集去形成隐含信息的假设。

(3)数据准备。数据准备阶段包括从未处理的数据中构造最终数据集的所有活动。这些数据是模型工具的输入值。这个阶段的任务有的需要执行多次,没有任何规定的顺序。这些任务包括表、记录和属性的选择,以及为模型工具转换和清洗数据。

(4)建立模型。在这个阶段,可以选择和应用不同的模型技术,模型参数被调整到最佳的数值。由于不同的技术解决的问题不同,因此需要经常跳回到数据准备阶段。

(5)模型评价和解释。经过第(4)步,已经从数据分析的角度建立了一个高质量的模型。在部署模型之前,需要彻底地评估模型,检查构造模型的步骤,确保模型可以完成既定的业务目标。这个阶段的目的是确定是否有重要业务问题没有被充分考虑。当这个阶段结束后,将决定一个数据挖掘结果是否可以付诸使用。

(6)实施部署。建立模型的作用是从数据中找到知识,获得的知识需要以方便用户使用的方式重新组织和展现。根据需求生成简单的报告,或实现一个比较复杂的、可重复的数据挖掘过程。

数据库查询通常使用 SQL 关系查询语言,或借助图形用户界面书写。当借助图形用户界面书写时,用户可以使用菜单指定包含在查询中的属性和属性上的限制。一个给定的查询被转换成一系列关系操作,如连接、选择和投影,并被优化,以便有效地处理。利用 SQL 关系查询语言,包括 Select,Delete,Update,Insert 等 SQL 语句,利用 C#语言调用 SQL 字符串语言,进行数据调用。

3.3.1　水利枢纽工程数据预处理

基于搭建的施工进度管理框架与功能实现要求,进行数据提取,获取了总体工程时间进度表、关键路线时间表、总体工程逻辑关系表、土方开挖施工强度表、石方开挖施工强度表、土石方回填施工强度表、混凝土浇筑施工强度表。通过对数据的收集、提取与整理,利用 SQL 数据库将时间进度数据表与施工强度表储存在后台数据库,最后基于智能推进与调整方法,通过人机交互操作实现施工进度调整,提供实时动态数据。施工相关数据收集与提取的总体框架如图 3 - 11 所示。

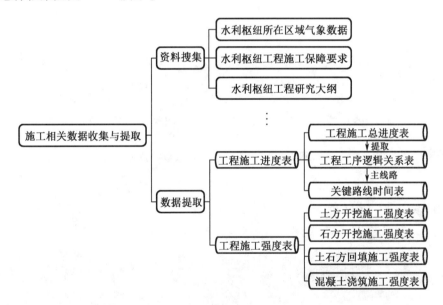

图 3 - 11　施工相关数据收集与提取的总体框架

3.3.2　关系数据库构建

数据库技术主要研究如何存储、使用和管理数据,是计算机技术中发展最快、应用最广的技术之一。尤其是在信息技术高速发展的今天,数据库技术的应用可以说是深入到了各个领域。数据库技术的主要目的是提高数据的共享性,使多个用户能够同时使用数据库中的数据;减少数据的冗余度,提高数据的一致性和完整性;提高数据与应用程序的独立性,从而减少应用程序的维护代价。

按照施工过程仿真的要求,遵循数据库空间组织关系,避免数据量庞大,处理冗杂和涉及数据库权限与编辑问题,采用 Excel 表格数据导入 SQL 数据库的技术路线。利用 SQL 导入数据功能,选取 Micosoft Excel 数据源,确定导入目标 SQL Server 2008 Native Client 10.0、服务器名、数据库名称,最后选择导入前期准备数据。数据从 Excel 中导入 SQL 数据库中,存在数据类型与数据名称不匹配的问题,因此需要对 SQL 数据库中的数据进行数据类型修改(包括字符型、整数型、浮点型、时间型等)和数据校正,最终实现数据库中关系数据准确无误,数据类型适应仿真要求,为施工管理动态仿真系统奠定数据基础。具体流程如图 3 – 12、图 3 – 13 所示。

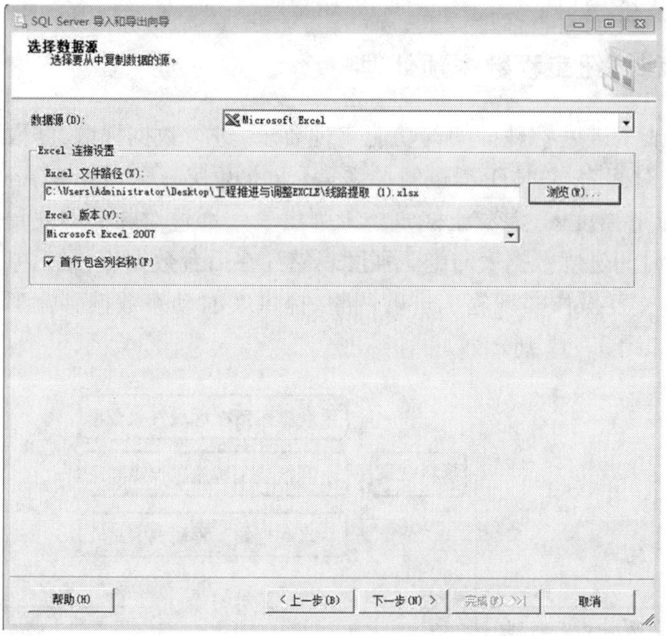

图 3 – 12　数据导入 – 选取数据源

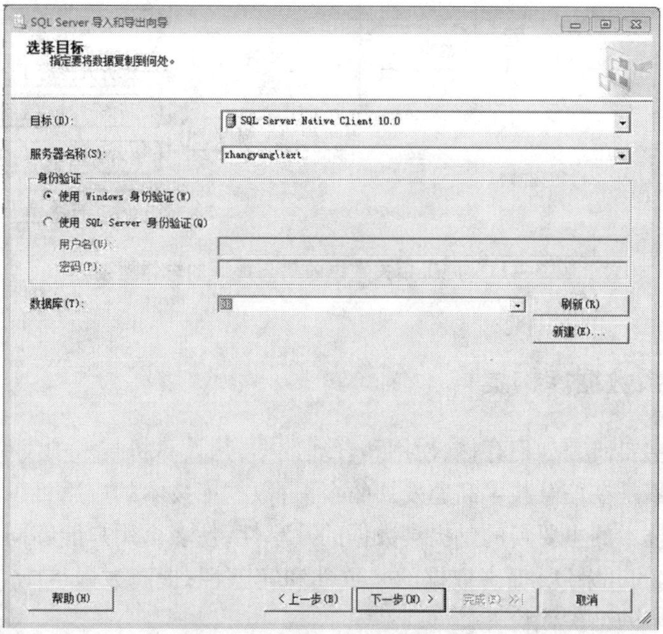

图 3 – 13　数据导入 – 选取目标

3.3.3　关系数据库调用机制

基于 C#可视化编辑技术,构建施工进度管理模块,需要调用数据库数据,实时更新,实现施工过程推进、调整、优化。利用 SQL 语言实现数据库的数据输入输出功能,完成数据库查询、增加、查找、删除、显示等功能。使用 ADO. NET 访问数据库,通过 Connection 对象连接数据库,将调取的数据填充在 DataSet 表格中,为下一步施工进度管理模块提供显示调用的中介。

数据库连接一般包括数据源、数据库服务器名称、数据库名称、登录用户名、密码、等待时间、安全认证等参数信息。如果使用 SQL Server 2008 身份认证,则连接字符串为 Data Source = 服务器;Initial Catalog = 数据库名;User ID = 账户;Password = 密码。如果使用 Windows 身份认证,则连接字符串为 Data Source = 服务器;Initial Catalog = 数据库名;Integrated Security = true。创建 SqlConnection 对象并设置 ConnectionString 属性:SqlConnection 对象名 = new SqlConnection([ConnectionString])或者 SqlConnection 对象名 = new SqlConnection( );对象名. ConnectionString = 连接字符串。本研究采用第二种方法,核心代码如下:

string sql = @ " Data Source = 当前电脑主机名与用户实例;
　　　　　　　 AttachDbFilename = " "数据库的路径" ";
　　　　　　　 Integrated Security = True;
　　　　　　　 Connect Timeout = 30;User Instance = True";
SqlConnection sqlcon = new SqlConnection(sql) ;

连接数据库后,利用 SQL 语言调取所需要的数据,包括 Select,Update,Delete,Insert,通过 SqlDataAdapter 对象与 DataSet 对象调取数据放入 DataTable 中,为施工进度管理提供数据便捷,核心代码如下:

DataSet 数据表名称 = new DataSet( ) ;
string SqlSelect = " select ∗ from 数据表";
SqlDataAdapter masterDataAdapter = new SqlDataAdapter(SqlSelect, sqlcon) ;
masterDataAdapter. Fill(ds, " Table_1") 。

通过数据库的搭建和数据库中数据的调用,完成施工进度管理模块中对于项目名称、项目状态、项目计划开始与结束时间、项目实际开始时间与结束时间、计划与实际工期、各个阶段的土方开挖、石方开挖、土石方回填、混凝土浇筑等信息的利用,为当前项目的工程信息、施工横道图、施工网络图、施工强度曲线实时动态展示提供了数据基础。如图 3 – 14 所示。

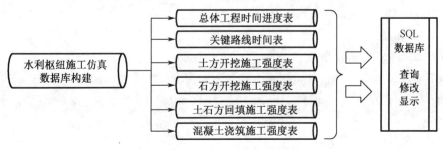

图 3 – 14　数据调取流程

3.4　二维图表生成技术

施工管理过程中,涉及的二维图表主要包括施工横道图、施工网络图、施工 S 曲线、资源直方图等,针对其中主要图表类型进行关键技术研究。

3.4.1　施工横道图

首先,画出一个单独的 Panel,然后将 GroupBox 控件的属性 Dock 设置为 Fill 放置在 Panel 中;其次,插入 ChartControl 控件,添加必要的引用;最后,添加 Using 程序集,包括 using System. Data. SqlClient 与 using DevExpress. xtraChart。需要注意的是:模块功能集成,一方面修改 nameSpace 和数据库的相关代码;另一方面实现双击放大的功能,实现修改图表主要代码。

```
groupBox1. Controls. Clear( );
ChartControl chartControl1 = new ChartControl( );
ChartControl1. Series. Clear( );
1. 从数据库里提取数据
string sql1 = @ " Data Source = 主机名称和实例名;
AttachDbFilename = " "数据库路径" ";
Integrated Security = True;
Connect Timeout = 30;User Instance = True";
SqlConnection sqlcon1 = new SqlConnection( sql1 );
sqlcon1. Open( );
DataSet ds1 = new DataSet( );
string SqlSelect1 = "select * from ProjectNodeSum";
SqlDataAdapter masterDataAdapter1 = new SqlDataAdapter( SqlSelect1 , sqlcon1 );
masterDataAdapter1. Fill( ds1 , "dt1" );
string aa1 = ds1. Tables[ "dt1" ]. Rows[0][2]. ToString( );
DateTime aa11 = Convert. ToDateTime( aa1 );
string b1 = ds1. Tables[ "dt1" ]. Rows[0][3]. ToString( );
DateTime b11 = Convert. ToDateTime( b1 );
string c1 = ds1. Tables[ "dt1" ]. Rows[0][1]. ToString( );
string aa2 = ds1. Tables[ "dt1" ]. Rows[0][4]. ToString( );
DateTime aa22 = Convert. ToDateTime( aa2 );
string b2 = ds1. Tables[ "dt1" ]. Rows[0][5]. ToString( );
DateTime b22 = Convert. ToDateTime( b2 );
string c2 = ds1. Tables[ "dt1" ]. Rows[1][1]. ToString( );
string c2 = ds1. Tables[ "dt1" ]. Rows[0][1]. ToString( );
groupBox4. Controls. Clear( );
ChartControl chartControl1 = new ChartControl( );
```

```
chartControl1. Series. Clear( ) ;
var series1 = new Series( "计划", ViewType. Gantt) ;
var series2 = new Series( "进度", ViewType. Gantt) ;
series1. ValueScaleType = ScaleType. DateTime ;
series2. ValueScaleType = ScaleType. DateTime ;
series1. Points. Add( new SeriesPoint( c1 , new DateTime[ ] {aa11 , b11} ) ) ;
series2. Points. Add( new SeriesPoint( c2 , new DateTime[ ] {aa22 , b22} ) ) ;
chartControl1. Series. AddRange( new Series[ ] { series1 , series2 } ) ;
( ( GanttSeriesView) series1. View). BarWidth = 0. 6 ;
( ( GanttSeriesView) series2. View). BarWidth = 0. 3 ;
GanttDiagram myDiagram = ( GanttDiagram) chartControl1. Diagram ;
myDiagram. AxisY. Interlaced = true ;
myDiagram. AxisY. GridSpacing = 90 ;
myDiagram. AxisY. Label. Angle = - 30 ;
series1. Label. Visible = false ;
myDiagram. AxisY. DateTimeOptions. Format = DateTimeFormat. MonthAndDay ;
( ( GanttSeriesView) series1. View). LinkOptions. ArrowHeight = 7 ;
( ( GanttSeriesView) series1. View). LinkOptions. ArrowWidth = 11 ;
for ( int i = 1 ; i < series1. Points. Count ; i ++)
{
series1. Points[ i ]. Relations. Add( series1. Points[ i - 1 ] ) ;
}
ConstantLine progress = new ConstantLine( "当前的进度", new DateTime( 2016, 9, 10) ) ;
progress. ShowInLegend = false ;
progress. Title. Alignment = ConstantLineTitleAlignment. Far ;
myDiagram. AxisY. ConstantLines. Add( progress) ;
chartControl1. Legend. AlignmentHorizontal = LegendAlignmentHorizontal. Right ;
chartControl1. Titles. Add( new ChartTitle( ) ) ;
chartControl1. Titles[ 0 ]. Text = "标题名称" ;
chartControl1. Dock = DockStyle. Fill ;
this. groupBox4. Controls. Add( chartControl1) ;
sqlcon1. Close( ) ;
```

2. 利用数组方法填充数据

```
DateTime[ ] AA = new DateTime[ count] ;
DateTime[ ] BB = new DateTime[ count] ;
DateTime[ ] CC = new DateTime[ count] ;
DateTime[ ] DD = new DateTime[ count] ;
string[ ] aa = new string[ count] ;
string[ ] bb = new string[ count] ;
string[ ] cc = new string[ count] ;
```

```
string[ ] dd = new string[count];
string[ ] c = new string[count];
groupBox1. Controls. Clear( );
ChartControl chartControl1 = new ChartControl( );
chartControl1. Series. Clear( );
Series series1 = new Series("计划", ViewType. Gantt);
Series series2 = new Series("进度", ViewType. Gantt);
series1. ValueScaleType = ScaleType. DateTime;
series2. ValueScaleType = ScaleType. DateTime;
for (int i = 0; i < count; i + + )
{
c[i] = ds1. Tables["dt1"]. Rows[i][1]. ToString( );
aa[i] = ds1. Tables["dt1"]. Rows[i][2]. ToString( );
AA[i] = DateTime. Parse(aa[i]);
bb[i] = ds1. Tables["dt1"]. Rows[i][3]. ToString( );
BB[i] = DateTime. Parse(bb[i]);
cc[i] = ds1. Tables["dt1"]. Rows[i][4]. ToString( );
CC[i] = DateTime. Parse(cc[i]);
dd[i] = ds1. Tables["dt1"]. Rows[i][5]. ToString( );
DD[i] = DateTime. Parse(dd[i]);
series1. Points. Add(new SeriesPoint(c[i] + "进度", new DateTime[ ] { AA[i], BB[i] }));
series2. Points. Add(new SeriesPoint(c[i] + "进度", new DateTime[ ] { CC[i], DD[i] }));
}
chartControl1. Series. AddRange(new Series[ ] { series1, series2 });
((GanttSeriesView)series1. View). BarWidth = 0. 3;
((GanttSeriesView)series2. View). BarWidth = 0. 1;
GanttDiagram myDiagram = (GanttDiagram)chartControl1. Diagram;
myDiagram. AxisY. Interlaced = true;
myDiagram. AxisY. GridSpacing = 30;
myDiagram. AxisY. Label. Angle = - 30;
series1. Label. Visible = false;
series2. Label. Visible = false;
myDiagram. AxisY. DateTimeOptions. Format = DateTimeFormat. MonthAndDay;
((GanttSeriesView)series1. View). LinkOptions. ArrowHeight = 7;
((GanttSeriesView)series1. View). LinkOptions. ArrowWidth = 11;
for (int i = 1; i < series1. Points. Count; i + + )
{
series1. Points[i]. Relations. Add(series1. Points[i - 1]);
}
chartControl1. Legend. AlignmentHorizontal = LegendAlignmentHorizontal. Right;
```

```
chartControl1. Titles. Add( new ChartTitle( ) );
chartControl1. Titles[0]. Text = "标题名称";
chartControl1. Dock = DockStyle. Fill;
this. groupBox1. Controls. Add( chartControl1 );
ConstantLine progress = new ConstantLine( "当前的进度", new DateTime(2017, 1, 30));
progress. ShowInLegend = false;
progress. Title. Alignment = ConstantLineTitleAlignment. Far;
myDiagram. AxisY. ConstantLines. Add( progress );
sqlcon1. Close( );
```

3. 其他技术流程

（1）链接后台数据库，根据所做图表的要求来设置提取字段的数据类型，以及对数据表的字段类型进行设置，同时确定 series 的个数和数值类型。

（2）将从数据库中提取出的数据，按照顺序将这些点填入到 series 中，最后再把 series 添加到 Chartcontrol 中，显示到 GroupBox 中。设置视图类型包括甘特图的条状宽度、X 轴与 Y 轴各自的数值类型及其显示格式、X 轴与 Y 轴的网格数据排列间距、图例的放置、图名的设置等，工程的结束时间点与紧后工程的开始时间点相互连接，同时设置箭头的宽度与高度。进度线的设置是利用 constantline 线设置时间。

3.4.2　施工 S 曲线图

施工 S 曲线与施工横道图的实现方法类似，存在的不同点如下：图表类型不同、数据类型不一样（前者是时间型数据，后者是双精度数据），其中包括系列的类型和系列值的类型。同时设置数值类型、坐标轴数值类型（数值型和时间型）。

```
Series series1 = new Series( "计划", ViewType. Gantt );
Series series2 = new Series( "实际", ViewType. Gantt );
Series1. ValueScaleType = ScaleType. DateTime;
Series2. ValueScaleType = ScaleType. DateTime;
Series seriesLine1 = new Series( "计划", ViewType. Spline );
Series seriesLine2 = new Series( "实际", ViewType. Spline );
seriesLine1. ValueScaleType = ScaleType. Numerical;
seriesLine2. ValueScaleType = ScaleType. Numerical;
seriesLine1. ArgumentScaleType = ScaleType. DateTime;
seriesLine2. ArgumentScaleType = ScaleType. DateTime;
```

具体实现过程，详见下面代码：

1. 从数据库里提取数据

```
double[ ] AA = new double[count];
double[ ] BB = new double[count];
DateTime[ ] CC = new DateTime[count];
string[ ] aa = new string[count];
string[ ] bb = new string[count];
string[ ] cc = new string[count];
```

```
ChartControl splineChart = new ChartControl( );
splineChart. Dock = DockStyle. Fill;
splineChart. Legend. Visible = true;
splineChart. Series. Clear( );
Series seriesLine1 = new Series( "计划", ViewType. Spline);
Series seriesLine2 = new Series( "实际", ViewType. Spline);
seriesLine1. ArgumentScaleType = ScaleType. DateTime;
seriesLine2. ArgumentScaleType = ScaleType. DateTime;
seriesLine1. ValueScaleType = ScaleType. Numerical;
seriesLine2. ValueScaleType = ScaleType. Numerical;
splineChart. Series. AddRange( new Series[ ] { seriesLine1, seriesLine2 });
XYDiagram splineDiagram = ( XYDiagram) splineChart. Diagram;
splineDiagram. AxisX. DateTimeOptions. Format = DevExpress. XtraCharts. DateTimeFormat.
MonthAndDay;
splineDiagram. AxisX. DateTimeOptions. FormatString = " MM - DD";
splineDiagram.    AxisX.    DateTimeGridAlignment    =    DevExpress.    XtraCharts.
DateTimeMeasurementUnit. Day;
splineDiagram. AxisY. NumericOptions. Format = DevExpress. XtraCharts. NumericFormat.
Percent;
for ( int i = 0; i < count; i ++)
{
cc[ i] = ds1. Tables[ "dt1" ]. Rows[ i][0]. ToString( );
CC[ i] = DateTime. Parse( cc[ i]);
aa[ i] = ds1. Tables[ "dt1" ]. Rows[ i][1]. ToString( );
AA[ i] = double. Parse( aa[ i]);
bb[ i] = ds1. Tables[ "dt1" ]. Rows[ i][2]. ToString( );
BB[ i] = double. Parse( bb[ i]);
seriesLine1. Points. Add( new DevExpress. XtraCharts. SeriesPoint( CC[ i], AA[ i]));
seriesLine2. Points. Add( new DevExpress. XtraCharts. SeriesPoint( CC[ i], BB[ i]));
}
splineChart. Titles. Add( new ChartTitle( ));
splineChart. Titles[0]. Text = "标题";
this. groupBox1. Controls. Add( splineChart);
#endregion
```

2. 直接利用代码添加

```
ChartControl splineChart = new ChartControl( );
splineChart. Dock = DockStyle. Fill;
splineChart. Legend. Visible = true;
splineChart. Series. Clear( );
Series seriesLine1 = new Series( "计划", ViewType. Spline);
```

```
Series seriesLine2 = new Series("实际", ViewType. Spline);
seriesLine1. ArgumentScaleType = ScaleType. DateTime;
seriesLine2. ArgumentScaleType = ScaleType. DateTime;
seriesLine1. ValueScaleType = ScaleType. Numerical;
seriesLine2. ValueScaleType = ScaleType. Numerical;
splineChart. Series. Add(seriesLine1);
splineChart. Series. Add(seriesLine2);
XYDiagram splineDiagram = (XYDiagram)splineChart. Diagram;
splineDiagram. AxisX. DateTimeOptions. Format = DevExpress. XtraCharts. DateTimeFormat.
MonthAndDay;
splineDiagram. AxisX. DateTimeOptions. FormatString = "MM - DD";
splineDiagram. AxisX. DateTimeGridAlignment = DevExpress. XtraCharts.
DateTimeMeasurementUnit. Day;
splineDiagram. AxisY. NumericOptions. Format = DevExpress. XtraCharts. NumericFormat.
Percent;
seriesLine1. Points. Add(new DevExpress. XtraCharts. SeriesPoint(new DateTime(2012, 1,
1), 0));
seriesLine1. Points. Add(new DevExpress. XtraCharts. SeriesPoint(new DateTime(2012, 2,
1), 0. 2));
seriesLine1. Points. Add(new DevExpress. XtraCharts. SeriesPoint(new DateTime(2012, 3,
1), 0. 3));
seriesLine1. Points. Add(new DevExpress. XtraCharts. SeriesPoint(new DateTime(2012, 4,
1), 0. 4));
seriesLine1. Points. Add(new DevExpress. XtraCharts. SeriesPoint(new DateTime(2012, 5,
1), 0. 6));
seriesLine1. Points. Add(new DevExpress. XtraCharts. SeriesPoint(new DateTime(2012, 6,
1), 0. 9));
seriesLine2. Points. Add(new DevExpress. XtraCharts. SeriesPoint(new DateTime(2012, 1,
1), 0));
seriesLine2. Points. Add(new DevExpress. XtraCharts. SeriesPoint(new DateTime(2012, 2,
1), 0. 3));
seriesLine2. Points. Add(new DevExpress. XtraCharts. SeriesPoint(new DateTime(2012, 3,
1), 0. 33));
seriesLine2. Points. Add(new DevExpress. XtraCharts. SeriesPoint(new DateTime(2012, 4,
1), 0. 4));
seriesLine2. Points. Add(new DevExpress. XtraCharts. SeriesPoint(new DateTime(2012, 5,
1), 0. 8));
seriesLine2. Points. Add(new DevExpress. XtraCharts. SeriesPoint(new DateTime(2012, 6,
1), 0. 9));
splineChart. Titles. Add(new ChartTitle());
```

splineChart. Titles[0]. Text = "标题";

this. groupBox5. Controls. Add(splineChart);

#endregion

3. 其他技术流程

施工横道图与 S 曲线图的最大不同点就是不同的图表类型决定不同的数据类型、不同的数据转化方式。X 轴显示的日期格式为日和月,日期时间测量的单位为天,Y 轴的数据显示为百分比,同时视图设置方面也要做出相应的变化,代码如下:

XYDiagram splineDiagram = (XYDiagram)splineChart. Diagram;

SplineDiagram. AxisX. DateTimeOptions. Format = DevExpress. XtraCharts. DateTimeFormat. MonthAndDay;

SplineDiagram. AxisX. DateTimeOptions. FormatString = "MM – DD";

SplineDiagram. AxisX. DateTimeGridAlignment = DevExpress. XtraCharts. DateTimeMeasurementUnit. Day;

SplineDiagram. AxisY. NumericOptions. Format = DevExpress. XtraCharts. NumericFormat. Percent;

3.5　施工智能调整优化技术

施工进度是动态变化的,原计划的关键路线可能转化为非关键路线,而原来的某些非关键路线又有可能上升为关键路线。因此,必须随时进行实际进度与计划进度的对比、分析,及时发现新情况,适时调整进度计划。

基于施工智能调整模块,单项工程工期自定义分为四种情况:(1)选定单项工程工期不变,加权平均压缩所有紧前工程的工期;(2)选定单项工程工期不变,自定义选择相关联的施工工序加权平均压缩其工程工期;(3)对选定的单项工程工期自定义,加权平均压缩所有紧前工程的工期并对影响的紧后工程工期进行推进;(4)对选定的单项工程工期自定义,自定义选择相关联的施工工序加权平均压缩其工程工期,并对影响的紧后工程工期进行推进。单项工程自定义工期与总工期不变,自定义调整类似,施工智能仿真调整系统总体框架如图 3 – 15 所示。

3.5.1　原计划范围内采取赶工措施

针对工程进度延误的情况,采取进度计划调整,应该注意以下原则:

(1)计划调整应从工程建设全局出发,对后续工程的施工影响小,即日进度的延误尽量在周计划内调整,周进度的延误尽量在下周计划内调整,月计划的延误尽量在下月计划内调整;一个项目(或标段)的进度延误尽量在本项目(或标段)计划时间内或其时差内赶工完成,尽量减少对后续项目尤其是其他标段项目的影响;

(2)进度里程碑工程的目标不得随意更改;

(3)合同规定的总工期和中间完工日期不得随意调整;

(4)计划的调整应首先保证关键工作的按期完成;

(5)计划调整应首先保证受洪水、降雨等自然条件影响和公路交叉、穿越市镇、影响市

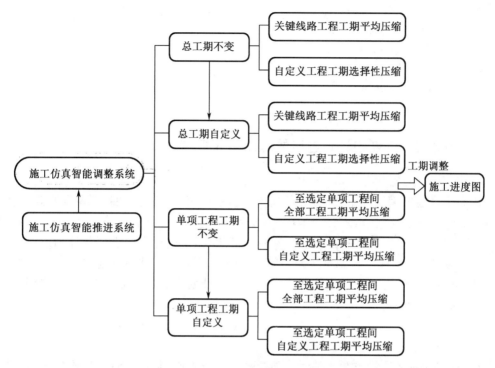

图 3－15　施工进度调整模块总体框架

政供水供电等项目按期完成；

（6）计划调整应选择相对合理的施工方案和适度增加资源的投入，使费用增加较少。

3.5.2　超过工期的进度调整

当进度拖延造成的影响在合同规定的控制工期内调整计划已无法补救时，只能调整控制工期。这种情况只有在万不得已时才允许。

（1）先调整投产日期外的其他控制日期。截流日期拖延可以考虑加快基坑施工进度来弥补，厂房土建工期拖延可以考虑加快机电安装进度来弥补，开挖时间拖延可以考虑加快浇筑进度来弥补，以不影响第一台机组发电时间为原则。

（2）采取各种有效措施仍无法保证合同规定的总工期时，可考虑将工期后延，进度调整应使完工日期推迟最短。

3.5.3　工期提前调整

在工程建设实践中，经常由于技术方案合理、管理得当、工程建设环境有利，工程施工进度总体提前，只有个别项目的进度制约工程提前投产，而这些制约工程提前投产的项目其提前完工的赶工费用又不大，这是调整计划提前完工投产的极好时机。水利枢纽工程基本具备发电条件，加快机组安装，提前发电，往往效益较大。一般情况下，只要能达到预期目标，调整应越少越好。在进行项目进度调整时，应充分考虑如下各方面因素的制约：

（1）后续施工项目合同工期的限制；

（2）进度调整后，给后续施工项目会造成赶工或窝工，进而导致其工期和经济上遭受

损失;

　　(3)材料物资供应需求的制约;

　　(4)劳动力供应需求的制约;

　　(5)工程投资分配计划的制约;

　　(6)外界自然条件的制约;

　　(7)施工项目之间逻辑关系的制约。

3.5.4　实际进度和计划进度的对比和分析

　　1.施工横道图比较法

　　用施工横道图编制施工进度计划,指导工程项目实施,具有简明、形象和直观,编制方法简单,使用方便的特点。施工横道图比较法是指将在项目实施中检查实际进度收集的数据,经整理后直接用横道线平行绘于原计划的横道线处,进行实际进度与计划进度比较的方法。在施工中的各项工作都是按均匀的速度进行,即每项工作在单位时间内完成的任务量都相等的情况下,进度控制者提供了实际进度与计划进度之间的偏差,为采取调整措施提供了明确的任务。

　　根据工程项目实施中各项工作的速度不一定相同,以及进度控制要求和提供的进度信息不同,采取以下两种不同的比较法:

　　(1)匀速进展施工横道图比较法。匀速进展是指工程项目中,每项工作的实施进展速度都是均匀的,即在单位时间内完成的任务都是相等的,累计完成的任务量与时间成直线变化。比较分析实际进度与计划进度,实际进度与计划进度是否相一致。但是该方法只适用于工作从开始到完成的整个过程中,其进展速度是不变的,累计完成的任务量与时间呈正比。如果工作的进展速度是变化的,用这种方法不能进行实际进度与计划进度之间的比较。

　　(2)非匀速进展施工横道图比较法。匀速进展施工横道图比较法,只适用于实施进展速度不变情况下的实际进度与计划进度之间的比较。当工作在不同的单位时间里的进展速度不同时,累计完成的任务量与时间的关系就不是呈比例变化的,此时,应采用非匀速进展施工横道图比较法。非匀速进展施工横道图在用涂黑粗线表示工作实际进度的同时,还要标出其对应时刻完成任务的累计百分比,将该百分比与其同时刻计划完成任务的累计百分比相比较,判断工作的实际进度与计划进度之间的关系。对照横道线上方计划完成任务累计量与同时刻的下方实际完成任务累计量,判断出实际进度与计划进度之间的偏差,可能有三种情况:同一时刻上下两个累计百分比相等,表明实际进度与计划进度一致;同一时刻上方的累计百分比大于下方的累计百分比,表明该时刻实际进度拖后,拖欠的量为二者之差;同一时刻上方的累计百分比小于下方累计百分比,表明该时刻实际进度超前,超前的量为二者之差。

　　2.施工 S 曲线比较法

　　施工 S 曲线比较法是以横坐标表示进度时间,以纵坐标表示累计完成任务量,而绘制出的一条按计划时间累计完成任务量的 S 形曲线,将工程项目在各检查时间实际完成的任务量绘制在 S 形曲线图上,进行实际进度与计划进度相比较的一种方法。

　　从整个工程项目的进展全过程看,一般是在开始和结尾时,单位时间投入的资源量较少,在中间阶段单位时间投入的资源量较多,与其相关单位时间完成的任务量也是呈同样变化的。而随时间进展累计完成的任务量,则应该呈 S 形变化,如图 3 - 16 所示。

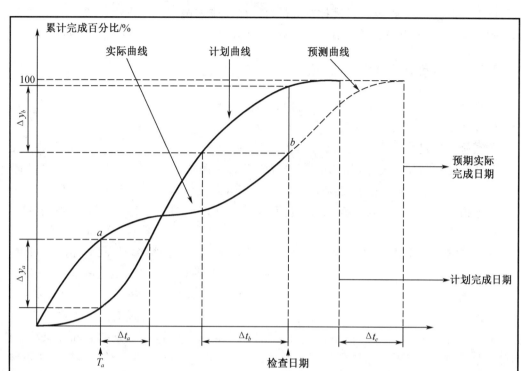

图 3 - 16　施工 S 曲线比较法

3.5.5　进度计划实施中的调整方法

当出现进度偏差时,需要分析该偏差对后续工作及总工期产生的影响。偏差的大小及其所处的位置对后续工作和总工期的影响程度是不同的。分析方法主要是利用网络计划中总时差和自由时差的概念进行判断。由时差概念可知,当偏差小于该工作的自由时差时,对工作计划无影响;当偏差大于自由时差,而小于总时差时,对后续工作的最早开工时间有影响,对总工期无影响;当偏差大于总时差时,对后续工作和总工期都有影响。具体分析步骤如下:

(1)分析出现进度偏差的工作是否为关键工作。根据工作所在线路的性质或时间参数的特点,判断其是否为关键工作。若出现偏差的工作为关键工作,则无论偏差大小,都对后续工作及总工期产生影响,必须采取相应的调整措施;若出现偏差的工作不是关键工作,需要根据偏差值与总时差和自由时差的大小关系,确定对后续工作和总工期的影响程度。

(2)分析进度偏差是否大于总时差。如果工程的进度偏差大于该工作的总时差,说明此偏差必将影响后续工作和总工期,必须采取相应的调整措施;如果工程的进度偏差小于或等于该工作的总时差,说明此偏差对总工期无影响,但它对后续工作的影响程度需要根据此偏差与自由时差的比较情况来确定。

(3)分析进度偏差是否大于自由偏差。如果工程的进度偏差大于该工作的自由时差,说明此偏差对后续工作产生影响,应根据后续工作允许影响程度而确定如何调整;如果工程的进度偏差小于或等于该工作的自由时差,则说明此偏差对后续工作无影响,原进度计划可以不做调整。经过分析,进度控制人员可以确认应该调整产生进度偏差的工作和调整偏差的大小,以便确定采取调整措施,获得符合实际进度情况和计划目标的新进度计划。

3.5.6 进度计划的调整方法

根据对进度计划的分析上,确定调整原计划的方法,一般主要有以下两种:

1. 改变某些工作之间的逻辑关系

若实施中的进度产生的偏差影响了总工期,并且有关工作之间的逻辑关系允许改变,可以改变关键线路和超过计划工期的非关键线路上的有关工作之间的逻辑关系,达到缩短工期的目的。使用这种方法的效果很显著。例如可以把依次进行的有关工作改变为平行的或互相搭接的以及分成几个施工段进行流水施工的工作,都可以达到缩短工期的目的。

2. 缩短某些工作的持续时间

这种方法不改变工作之间的逻辑关系,只缩短某些工作的持续时间,而使施工进度加快,以保证实现计划工期。这些被压缩持续时间的工作是位于因实际施工进度的拖延而引起总工期增长的关键线路和某些非关键线路上的工作。同时,这些工作又可压缩持续时间。这种方法通常可在网络图上直接进行。其调整方法限制条件及对后续工作的影响程度的不同而有所区别,一般为以下情况:网络计划中某项工作进度拖延的时间在该项工作的总时差范围内和自由时差以外。根据前述内容可知,这一拖延不会对总工期产生影响,而只对后续工作产生影响。因此,在进行调整前,需确定后续工作允许拖延的时间限制,并以此作为进度调整的限制条件。这个限制条件的确定有时是很复杂的,特别是当后续工作由多个平行的分包单位负责实施时更是如此。因此,要寻找合理的调整方案,把对后续工作的影响减小到最低程度。

3.5.7 施工进度优化方法

水利枢纽工程的施工条件复杂,为了保证工程进度,多家承包商同时进场,平行作业、作业面狭窄,势必导致互相干扰,特别是在施工过程中河流出现季节性冰冻现象时,为施工进度控制带来更多不利因素。因此,计入冰冻因素,研究水利枢纽施工优化方法对水利枢纽工程如期完工具有重要意义。

目前,国内外学者对施工优化方法进行了深入研究,汪安南等应用遗传算法,实现了工期约束下工程费用最低的施工优化模型求解,完成了施工进度优化,但在优化过程中,未考虑施工过程中机械、人员、材料等资源的限制;Wang 基于模糊进化算法求解最小模糊总工期,完成了对总工期的优化,但建立的优化模型未考虑人力、材料等资源限制。已有的施工优化方法为施工管理提供了有效的辅助手段,但是针对季节性冰冻河流水利枢纽工程,计入季节性冰冻因素的施工优化方法的研究尚未报道。在施工优化过程中,优化模型建立后,优化模型求解在很大程度上决定优化效果,目前,仿生算法已被应用于施工优化模型的求解,并取得了较好的效果。Zhang Hong 等利用粒子群优化算法研究资源约束下的施工进度优化问题,获得了优化解,但由于粒子群算法的局限性,易陷入局部最优解,难以保证获得全局最优的分配方案;邓林义、李倩等基于改进的蚁群优化算法,研究资源约束下的施工进度优化方法,实现了对施工进度的优化,但算法求解前期信息要素缺乏,收敛速度较慢,优化结果不理想。果蝇算法(FOA)是近年来发展起来的一种全局迭代优化进化算法,具有计算过程简单、参数少、全局寻优能力强、收敛速度快和鲁棒性强等特点。郑晓龙等基于序的果蝇算法求解资源约束项目调度问题;孙立等基于果蝇算法解决过热汽温控制中存在的问题。

面向水利枢纽施工进度优化问题,以施工强度和工程资源为约束条件,建立计入季节性冰冻因素的水利枢纽施工进度优化模型,同时为获得施工进度优化模型的更优解,针对标准 FOA 存在易陷入局部最优、过早收敛、后期收敛速度较慢等不足,基于果蝇算法演进机理、混沌理论及自适应搜索机制,设计高效加速搜索、自适应变异和混沌扰动算法,提出了高效混沌果蝇优化算法(Efficient Chaotic Fruit fly Optimization Algorithm,ECFOA),建立了一种基于 ECFOA 求解的季节性冰冻河流水利枢纽施工进度优化方法。最后结合依兰水利枢纽工程的施工组织设计数据,进行数值实验,通过对实验结果的对比分析,验证了提出优化方法的可行性与优越性。

施工进度优化模型的建立。在建立水利枢纽施工进度优化模型过程中,首先假设以下条件成立:人工与机械可以在各个工序中综合安排使用,同时人工和机械资源没有质的区别;对于季节性冰冻期,工程进入冬季施工期,水利枢纽的混凝土浇筑工程停工,单项工程的施工强度和工程资源与工期呈线性相关;在工程费用允分的情况下,对施工工期进行优化;影响施工工期的关键路径持续时间为工程总工期,各工序开始时间与结束时间紧密衔接,没有机动时间。

综合工程施工工序时间、施工强度、资源量等因素对施工的影响,考虑到季节性冰冻河流的情况,以施工强度与工程资源为约束条件,以实现施工总工期最小化为目标,建立季节性冰冻河流水利枢纽施工优化模型(Navigation Power Junction Construction Optimization Model),具体描述如下:

$$\mathrm{Min}T(i) = \sum_{i=1}^{N} GR_{i1} \tag{3-1}$$

$$s.t. \begin{cases} ① GES_1, GLS_1 = 0 \\ ② \dfrac{GR_i}{1-\alpha} \geqslant ES_i, \dfrac{GR_i}{1+\alpha} \leqslant EL_i \quad (i = 1,2,\cdots,N) \\ ③ GIU_i = (1+\lambda)GIM_i, GID_i = (1-\lambda)GIM_i \quad (i = 1,2,\cdots,N) \\ ④ GJF_i - GJS_{i1} = GD_i, GRF_i - GRS_i = GR_i \quad (i = 1,2,\cdots,N) \\ ⑤ BDS \leqslant GJS_i, GJF_i \quad (i = 1,2,\cdots,N) \\ ⑥ GRS_i, GRF_i \leqslant BDF \quad (i = 1,2,\cdots,N) \\ ⑦ \sum_{i=1}^{J} GR_i \leqslant GS_{(J+1)1} \quad (J < N, J = 1,2,\cdots,N-1) \\ ⑧ GIU_i \leqslant \dfrac{GD_i}{GR_i} \cdot GIM_i \leqslant GID_i \quad (i = 1,2,\cdots,N) \\ ⑨ r_{ik} \leqslant R_k \quad (i = 1,2,\cdots,N) \end{cases} \tag{3-2}$$

季节性冰冻河流水利枢纽施工优化模型参数设置如下:关键路径上施工工序个数为 N;GES_i,GLS_i 分别为关键路径上单项工程工序最早开始时间、最迟开始时间;$GJS_i,GJF_i,GRS_i,GRF_i,GD_i,GR_i,GS_{j1},ES_i,EL_i$ 分别为单项施工工序的计划开始时间、计划结束时间、优化后开始时间、优化后结束时间、计划工期、优化后工期、规定完工日期、规定最短工期、规定最长工期；GIM_i,GIU_i,GID_i 分别为单项工程计划工序施工强度、最小施工强度、最大施工强度；工序存在资源约束，每种资源 $k \in K$ 的可用量限定为 R_k，施工工序 i 对 k 种资源的需求量为 r_{ik}；BDS,BDF 为季节性冰冻期开始日期、结束日期；γ 为施工强度增大系数；α 为工期波动振幅系数；T 为工程总工期。式①表示工程最早、最迟开始时间安排为0，即按照计划施工；式②表示优化后工期在规定最长工期与最短工期范围内；式③表示施工强度上限值与下限值的规定；式④表示计划、优化后工期与计划、优化后开始时间与结束时间之间关系；式⑦表示优化后 J 工序完工日期符合第 J 工序规定完工时间；式⑧表示优化后工期的施工强度处于规定上下限值范围内；式⑨为资源约束，表示优化过程中对工序的所需资源量的限制。

考虑到季节性冰冻期间，水利枢纽工程混凝土浇筑无法施工，因此在季节性冰冻河流水利枢纽施工优化模型中，通过设置约束条件⑤和⑥，使得混凝土浇筑工程的开工和完工日期限定在季节性冰冻期的开始日期之后与结束日期之前，确保季节性冰冻期之前的未完工工程进行停工，在冰冻期结束之后继续施工，体现季节性冰冻因素对水利枢纽施工的影响。

1. 高效混沌果蝇优化算法

（1）标准果蝇算法

FOA 是由台湾学者潘文超博士通过对果蝇寻找食物过程的模拟，于 2011 年 6 月刊登在国际 SCI 期刊知识库系统上的一种全新的全局迭代优化进化算法，与其他智能算法相比具有全局寻优、计算量小、精度高、收敛快及易于实现等优势。果蝇具有依靠嗅觉和视觉来搜索食物的能力，首先收集空气中的不同气味，通过嗅觉识别，飞行到食物的附近，然后找到食物和同伴聚集的地方，最后利用视觉找到食物。标准 FOA 算法的实现过程是将果蝇种群随机初始化，再将果蝇种群个体按照固定步长进行位置更新，然后在当前果蝇种群中寻找适应度最优的果蝇个体，并且果蝇种群中所有的果蝇个体位置更新为最优个体位置，再利用新位置上的果蝇种群继续更新位置，直到它们到达食物位置。

FOA 参数设置方便，需要设置种群规模、搜索距离、迭代次数。该算法结构简单，易于编程。但与其他群体进化算法一样，FOA 也易陷入局部最优、收敛费时、鲁棒性较低的困境，同时果蝇个体在进化中采取固定步长，制约了算法的收敛性能与稳定性。因此，通过设计的高效加速搜索、自适应变异和混沌扰动算法来改进 FOA，以便加快算法运算速率，避免陷入局部最优解，提高算法的鲁棒性。

（2）高效加速搜索算法（EASA）

标准 FOA 通过算法进化中的随机步长，完成位置更新，同时每次位置更新后，果蝇个体与食物的距离逐渐缩短，数量也会随之减少，但是果蝇个体位置更新按照随机步长进行，难以保证在局部区域搜索到最优解，同时容易飞过全局最优解。为了果蝇个体有更多的机会在最优解附近寻找最佳解，基于统计原理，根据上一代味道浓度序列分布规律，提出高效加速搜索算法（Efficient Accelerated Search Algorithm，EASA），自适应地调整步长大小，更新果蝇个体的位置，提高搜索效率。定义自适应调整系数 μ，并根据公式（3-3）计算 μ，得

$$\mu = \frac{g}{\lambda(g_{max} + g)} \tag{3-3}$$

其中，g 为当前迭代次数；g_{max} 为最大迭代次数；λ 为步长调整系数，根据优化问题的可行域来确定。然后，根据自适应调整系数 μ，利用式（3-4）和（3-5）进行更新果蝇个体位置，

$$X_i^{g+1} = X_{\text{best}}^g + \mu \cdot \min \left\{ \left| X_{\text{best}}^g - X_{\max} \right|, \left| X_{\text{best}}^g - X_{\min} \right| \right\} + \mu \cdot \text{rand}(\ ) \qquad (3-4)$$

$$Y_i^{g+1} = Y_{\text{best}}^g + \mu \cdot \min \left\{ \left| Y_{\text{best}}^g - Y_{\max} \right|, \left| Y_{\text{best}}^g - Y_{\min} \right| \right\} + \mu \cdot \text{rand}(\ ) \qquad (3-5)$$

其中，X_i^{g+1} 和 Y_i^{g+1} 是第 i 个果蝇的第 $g+1$ 代的位置，X_{best}^g 和 Y_{best}^g 是第 g 代的种群最佳位置，$X_{\min}$ 和 $X_{\max}$、$Y_{\min}$ 和 $Y_{\max}$ 分别为 X 和 Y 的最小值和最大值，$\text{rand}(\ )$ 为随机数。

基于 EASA，在进化初期，通过大步长更新其位置，增大果蝇个体探索最优解的可行域范围。随着迭代次数的增加，种群逐渐接近最优解，果蝇个体向最佳味道浓度靠近，通过小步长更新其位置，增加果蝇小范围内最优解的搜索的机会，提高 FOA 的搜索效率。

（3）自适应变异算法（AMA）

遗传算法是一种模拟自然进化的优化算法，有选择、交叉和变异三种操作，变异操作使得算法具有局部随机搜索能力，加速向最优解收敛，同时保证种群多样性，以防止未成熟的收敛现象，将遗传算法中的变异操作引入到果蝇算法中，提出自适应变异算法（Adaptive Mutation Algorithm，AMA），避免算法在搜索后期陷入局部最优、种群过早收敛，使果蝇个体能够飞出局部最优并朝着最优解的方向移动，同时采用均匀分布实现变异操作。

$$X_{\text{best}}^g = X_{\text{best}}^g \cdot (0.5 \cdot \text{rand}(\ ) + 1) \qquad (3-6)$$

$$Y_{\text{best}}^g = Y_{\text{best}}^g \cdot (0.5 \cdot \text{rand}(\ ) + 1) \qquad (3-7)$$

式中，$\text{rand}(\ )$ 表示 $(0,1)$ 上的均匀分布。

通过式（3-6）和式（3-7）对每一代全局最优解的位置进行变异操作，陷入局部最优解个体可以飞出当前局部最优解，并朝着全局最优的位置飞去。具体操作为：在优化算法迭代的过程中，获取更新后的最优果蝇个体位置 X_{best}^g 和 Y_{best}^g，根据式（3-8）计算变异概率 P_m，然后随机生成概率 P_i，通过比较两者概率大小，若 $P_i < P_m$，则执行此变异操作。由于算法进化后期易陷入局部最优，因此利用式（3-8）可设置迭代初期变异几乎不发生，后期变异概率较大，容易发生，防止进化初期陷入局部最优，进化后期不容易飞离最优解。

$$P_m = P_{\max} - (P_{\max} - P_{\min}) g^2 / g_{\max}^2 \qquad (3-8)$$

式中　$P_{\max}$——变异概率最大值；

　　　$P_{\min}$——变异概率最小值；

　　　g——当前迭代次数；

　　　$g_{\max}$——最大迭代次数。

（4）全局混沌扰动算法（GCPA）

混沌优化是一种全局优化技术，在改进进化算法中得到了广泛的应用，具有随机性、遍历性和规律性，以及对初值具有敏感性的特点。在数值问题的优化方面，利用混沌算法在求解时，通过对搜索过程中产生的最优位置进行混沌映射规则映射到混沌变量空间的取值区间内，利用混沌变量的遍历性和规律性寻优搜索，从而可以避免在搜索过程中陷入极值，更新混沌遍历搜索后的果蝇位置，最终获得全局最优解。

针对 FOA 进化后期种群多样性下降，尝试运用混沌映射理论改进 FOA，设计全局混沌扰动算法（Global Chaos Perturbation Algorithm，GCPA），增强 FOA 种群的多样性，对整个可行域上进行遍历搜索，提高获得更优解的概率，改善算法进化过程中的种群多样性，提高算法后期的搜索速度，防止种群陷入局部极值，增加 FOA 的全局和局部搜索能力。

目前用于改进进化算法的混沌映射大多采用 Logistics 映射、Tent 映射和 An 映射等。为了提高种群的多样性，采用了具有更好混沌特性的 Chebyshev 映射来执行全局混沌扰动。

Chebyshev 映射函数如式(3-9)所示，
$$x_{i+1} = \cos(k \cdot \cos^{-1} x_i) \quad k = 4, \ x_i \in [-1,1] \tag{3-9}$$
式中，k 为控制参数，当 $k=4$ 时，表示区间 $[-1,1]$ 映射到区间 $[-1,1]$ 的满映射。

基于 Chebyshev 映射函数的 GCPA 具体步骤如下：

Step 1：假设种群规模 popsize；

Step 2：根据映射函数，随机初始化生成在数值位于 $(0,1)$ 之间的混沌向量 $(a_{k1}, a_{k2}, \cdots, a_{kpopsize})$，$k = 1, 2$；

Step 3：设置 $i = 1$；

Step 4：通过式(3-10)和式(3-11)，利用混沌变量将 X_i 与 Y_i 的数值区间 $(X_{\min}, X_{\max})$、$(Y_{\min}, Y_{\max})$ 映射变换得到 X_i^{new} 与 Y_i^{new}；
$$X_i^{new} = X_{\min} + (X_{\min} - X_{\max}) \cdot a_{1i} \tag{3-10}$$
$$Y_i^{new} = Y_{\min} + (Y_{\min} - Y_{\max}) \cdot a_{2i} \tag{3-11}$$

Step 5：如果 $i <$ popsize 次，转到步骤6，否则转到步骤7；

Step 6：设置 $i = i+1$，转到步骤4；

Step 7：计算新个体的适应度值，然后打乱之前的最优个体值得到的新个体适应度值，并且按照适应度值进行排序，最后利用新个体适应度值的最优解代替原来的个体适应度值的最优解。

(5)高效混沌果蝇优化算法进化原理设计

高效混沌果蝇优化算法进化原理设计如下：设置进化的种群基本必要参数，如种群规模 n，变量个数 M，步长调整系数 λ；最大进化代数 $g_{\max}$，混沌扰动控制参数 g_0；根据种群规模，随机初始化果蝇种群位置 (X^g, Y^g)，同时果蝇根据气味来确定寻找食物的方向和距离；完成种群初始化后，计算出生成的果蝇个体的味道浓度 $Smell_i$，根据味道浓度判定函数，更新位置 (X_{best}^g, Y_{best}^g) 和最佳味道浓度；根据变异条件执行变异操作，对果蝇位置进行更新；评估当前种群是否满足停止准则 R，如果它满足，终止搜索和输出最佳果蝇的位置 (X_{best}^g, Y_{best}^g)，反之计算自适应调整系数 μ，并基于 EASA 确定果蝇飞行方向与距离，然后果蝇采用视觉寻找食物的位置，获得一个新的果蝇群体 (X^{g+1}, Y^{g+1})，完成群体的更新后，判断当前标准是否需要进行 GCPA，如果条件满足，将新一代种群的果蝇交付给全局扰动；最后，通过 GCPA 过程，GCPA 的新个体将被送回 FOA 的下一代，直到达到算法的停止准则，否则迭代计算永远不会停止。ECFOA 流程图如图 3-17 所示。

2. 基于 ECFOA 算法求解 NPJCOM 模型

(1)果蝇编码设计

采用矩阵编码方式表示 ECFOA 施工进度优化模型的果蝇个体，矩阵中各个位置的编码均采用实数编码。矩阵列数为关键路径上的施工工序个数，每列数值对应 NPJCOM 模型的每项施工工序工期的变量大小。在初始化编码的过程中，gY^g 对应每项施工工序的计划工期，在进化算法的搜索过程中，果蝇种群个体 gY^g 表示每项施工工序的优化后的工期，果蝇最优个体 gY_{best}^g 表示每项施工工序优化工期的最优解。

(2)适应度值的确定

以施工强度和工程资源为约束条件，以缩短总工期为目标，选取出符合条件的果蝇个体进行排序，最终选取总工期最短的果蝇个体作为最优个体。在算法进化过程中，以施工

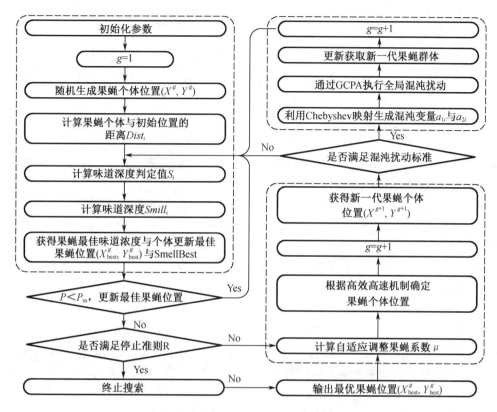

图 3-17 ECFOA 的进化流程

总工期为适应度函数,选取适应度函数最小值为适应度值,评估果蝇个体的适应度值。

$$Fitness = \sum_{i=1}^{N} GR_{i1} \qquad (3-12)$$

(3)利用 ECFOA 算法求解施工进度优化模型步骤

Step 1:设置种群参数。施工工序变量个数 M,种群规模 popsize,步长调整系数 λ,混沌扰动控制参数 g_0,最大迭代次数 g_{max};变异概率最大值 P_{max},变异概率最小值 P_{min}。

Step 2:随机初始化种群。设置 $g=1$ 当前每个果蝇个体位置 $gY_i^g = (gy_{i1}, gy_{i2}, \cdots, gy_{iM})$,其中 $i=1,2,\cdots,M$,采用式(3-13)在可行域内随机产生 popsize 个新的果蝇个体 $gY_i^{new} = (gY_{i1}^{new}, gY_{i2}^{new}, \cdots, gY_{iM}^{new})$;

$$gY_{ik}^{new} = gy_{kmim} + (gy_{kmax} - gy_{kmin}) \cdot rand() \qquad (3-13)$$

其中,$k=1,2,\cdots,M$;gy_{kmin}, gy_{kmax} 分别对应第 k 个施工工序工期最小值和最大值;gY_{ik}^{new} 是第 k 个施工工序工期随机初始化果蝇个体位置,rand() 为 0 与 1 内的随机数。

Step 3:评估适应度值。每个果蝇个体的各维位置为施工工序的优化后工期,根据式(3-12)计算评估果蝇个体 gY_i^g 的适应度函数值 $Fitness(i)$,选择适应度最小的个体作为当前种群的最优个体 gY_{best}^g。

Step 4:变异操作。随着迭代次数的增加,变异概率也发生变化,随机生成变异概率 p,判断 p 与 P_m 大小,若 $p < P_m$,利用式(3-14),对果蝇当前最优个体 gY_{best}^g 进行变异操作。

$$gY_{best}^g = gY_{best}^g \cdot (0.5 \cdot rand() + 1) \qquad (3-14)$$

Step 5：停止准则判断。如果当前种群满足停止标准，转到步骤 9，否则转到步骤 6。其中停止条件 R 是由最大迭代次数 $g_{\max}$ 和优化模型的约束条件综合确定。

Step 6：通过 EAC 更新种群位置。根据式（3－3）计算自适应调整系数 μ。基于当前最高浓度果蝇位置 $gY_{\text{best}}^g = (gY_{1\text{best}}^g, gY_{2\text{best}}^g, \cdots, gY_{M\text{best}}^g)$，根据式（3－15），更新果蝇的着陆地点 $gY_i^{g+1} = (gY_{i1}^{g+1}, gY_{i2}^{g+1}, \cdots, gY_{iM}^{g+1})$。

$$gY_{ik}^{g+1} = gY_{k\text{best}}^g + \mu \cdot \min\left\{\left|gY_{k\text{best}}^g - gy_{k\max}\right|, \left|gY_{k\text{best}}^g - gy_{k\min}\right|\right\} + \mu \cdot \text{rand}(\ )$$

$$(3-15)$$

其中 gY_i^{g+1}，gY_{ik}^{g+1}，gY_{best}^g，$gY_{k\text{best}}^g$ 分别对应第 $g+1$ 代果蝇个体位置及第 k 个变量位置大小、第 g 代果蝇个体最优解及第 k 个变量位置最优解。

Step 7：全局混沌扰动的判定。若 $g > g_0$，然后转到步骤 3，否则转到步骤 8。

Step 8：引导 GCPA 机制。设计最初的 GCPA 机制是二维优化问题，但有施工优化工序有 M 个参数需要确定，因此，改进二维 GCPA 机制，按照以下步骤执行：

Step 8－1：假设 popsize 是种群规模，用不同路径 $(p_{k1}, p_{k2}, \cdots, p_{k\text{popsize}})$，$k = 1, 2, \cdots, M$，使用 Chebyshev 映射函数产生 $M \times$ popsize 混沌变量；

Step 8－2：设置 $i = 1$；

Step 8－3：将 gY_i^g 中各个分量按照大小排序生成变量的最大值 $gy_{k\max}$ 与最小值 $gy_{k\min}$，其中 $k = 1, 2, \cdots, M$，利用混沌向量映射载波到优化变量价值区间的最大值与最小值，根据公式（3－16），从而得到最新的果蝇个体位置 $gY_i^{\text{new}} = (gY_{i1}^{\text{new}}, gY_{i2}^{\text{new}}, \cdots, gY_{iM}^{\text{new}})$；

$$gY_{ik}^{\text{new}} = gy_{\min} + (gy_{k\max} - gy_{k\min}) \cdot p_{ki}$$

$$(3-16)$$

Step 8－4：如果 $i <$ popsize，转到步骤 8－5，否则转到步骤 8－6；

Step 8－5：设置 $i = i + 1$，转到步骤 8－3；

Step 8－6：计算得到新个体的适应度值，利用以前的最优个体值打乱得到的新个体适应度值，并且按照适应度值排序，然后用新个体最优解代替排序靠前的原来的个体适应度值的最优解；

Step 8－7：从 GCPA 返回改良后最优位置 gY_{best}^g 和最优解 SmellBest，继续 ECFOA 操作，转到步骤 9。

Step 9：设置 $g = g + 1$，然后转到步骤 3。

Step 10：输出优化结果。判断是否满足停止准则，果蝇停止寻找食物。输出最优味道浓度的果蝇位置 gY_{best}^g 的参数组合与最优适应度函数值。

第4章 施工可视化管理辅助系统关键技术

4.1 施工安全、质量管理关键技术

水利枢纽工程质量管理与安全管理对整个建筑工程来说是非常重要的。在建筑工程中如果出现了小小的质量和安全事件,可能在之后的施工过程中出现很大的事故,所以在水利枢纽工程中必须做好任何的质量管理与安全管理,做到绝不忽视任何小小的安全与质量的问题,出现质量与安全问题就要做好防范。总地来说,水利枢纽工程的质量与安全完全取决于施工过程中的质量管理与安全管理。

根据用户要求设计人性化报表,体现报表的字段、图片、图表信息。提供了在 Excel 模板可编辑的功能,使得其更加人性化。利用 Visual C#对 Excel 进行二次开发的具体方法:

(1)Excel 对象库的引用。若要在应用程序中使用 Excel 对象,必须首先在项目中加入对该对象的引用。加入的方法是打开项目菜单,选择添加引用子菜单,在添加引用对话框的 Com 选项卡下,选中 Microsoft Excel 10.0 Object Library 后选择确定。

(2)Excel 对象的定义。应用对象是 Excel 对象模型的顶级对象,使用应用对象可确定应用程序级属性或执行应用程序级方法,也是访问 Excel 对象模型其他部分的入手点。使用 Excel 应用对象的属性和方法时,应用对象在默认情况下是可用的,被看作是对对象的隐式引用;与隐式引用相对应,如通过其他 Office 应用程序来使用 Excel 对象,则必须创建一个表示应用对象的变量,这被看作是对对象的显式引用。

(3)工作簿的打开与关闭。在 Excel 对象模型中,出现在应用对象下面的工作簿,它表示一个工作簿文件。使用它可以处理单个 Excel 工作簿。而使用工作簿集合可以处理所有当前打开的工作簿对象。为了管理多个工作簿,应用对象提供了 ActiveWorkbook 属性,它可以返回对当前活动的工作簿的引用,同时,工作簿集合的 Count 属性可用于确定打开了多少个工作簿。使用工作簿集合的 Add 方法可以创建新的工作簿对象。Add 方法不但创建新的工作簿,同时立即打开该工作簿。至于新工作簿中包含的工作表的数量,则可以通过使用应用对象的 SheetsInNewWorkbook 属性来指定。使用工作簿集合的 Open 方法可打开现有的工作簿,使用 Open 方法打开工作簿后,当前工作簿为活动工作簿,在 Open 方法中,可以指出待打开的工作簿的文件名。应用程序中,对工作簿的操作完成之后,需要对工作簿对象进行关闭操作,方法是调用工作簿对象中的 Close 方法来完成。为了保证在应用程序关闭之前,所有相关的修改都保存下来,则需要提示功能,即提示是否应在关闭对象之前保存对工作簿的更改,这种提示功能使用 SaveChange 参数来实现。对于多个工作簿的情况,则使用工作簿集合对象,使用 Close 方法来关闭所有打开的工作簿。在使用该方法时,如果任意一个工作簿的修改未被保存,则将提示用户将更改保存下来。如果不希望保存提示出

现,可以将应用对象的 DisplayAlerts 属性设置为 False。这时使用工作簿集合对象中的 Close 方法时,对打开的工作簿所做的任何未保存更改均将丢失。

(4)对工作表的操作方法。工作表是工作簿的下级对象,工作簿的 Sheets 属性可以返回当前工作簿中所有工作表和图表工作表的集合。工作簿与工作表的关系是每个 Excel 工作簿中可以包含多个工作表,也可以包含多个图表工作表。在 Excel 中进行的大多数工作都是在具体的某一个工作表中进行的,对工作表的操作又具体体现为对工作表中包含的若干单元格的操作,所以工作表的对象和区域(包含一个或多个单元格对象)是在 Excel 中创建的所有自定义应用程序中两个最基本、最重要的组件。

(5)对区域和单元格的操作。在 Excel 中,区域对象是功能最强大、最动态的对象,充分了解区域对象并掌握如何在 Visual C#中有效地使用,便可以自如地利用 Excel 的功能。就对象而言,区域对象是比较独特的,一个区域在不同情况下可以是不同的事物。Worksheet. Range("A1: D8"),该语句表示访问工作表的 A1 到 D8 之间的单元格。除了区域对象外,单元格属性 Cell 也是非常重要的。单元格属性返回表示一个区域对象,包含工作表中某个指定单元格,要处理某个单元格,可以使用 Cell 属性返回的 Range 对象的 Item 属性来指定特定单元格的索引。

在 Visual Studio 2010 开发环境下,利用 Visual C#编程语言,针对 SQL Server 2008 数据库环境,基于 MicroSoft Office Excel 软件,使页面布局灵活,方便用户的操作,满足了工程对报表的要求,开发了一个针对数据库表结构的报表生成系统。同时运用 SQL 数据库、Excel 模板和组件技术,借助面向对象编程工具 Visual C#,制作了功能齐全而强大的 Excel 文件操作类,实现了报表管理、报表生成、导出、打印等功能,利用 Excel 展现不仅满足企业对报表的需求,也方便用户操作和管理。

报表数据有如下类型:

● Source Variant 类型,可选,包含新图表的数据源的区域,如果省略本参数,Microsoft Excel 将修改活动图表工作表,或活动工作表中处于选定状态的嵌入式图表。

● Gallery Variant 类型,可选,图表类型,可为下列 XlChartTyp 常量之一: xlArea, xlBar, xlColumn, xlLine, xlPie, xlRadar, xlXYScatter, xlCombination, xl3DArea, xl3DBar, xl3DColumn, xl3DLine, xl3DPie, xl3DSurface, xlDoughnut 或 xlDefaultAutoFormat。

● Format Varian 类型,可选,内置自动套用格式的编号,可为从 1 到 10 的数字,其取值依赖于图库类型。如果省略本参数,Microsoft Excel 将依据图库类型和数据源选择默认值。

● PlotBy Variant 类型,可选,指定系列中的数据是来自行还是来自列,可为下列 XlRowCol 常量之一: xlRows 或 xlColumns。

● CategoryLabels Variant 类型,可选,表示包含分类标志的源区域内行数或列数的整数。有效取值为从 0(零)至小于相应的分类或系列中最大值的某一数字。

● SeriesLabels Variant 类型,可选,表示包含系列标志的源区域内行数或列数的整数,有效取值为从 0(零)至小于相应的分类或系列中最大值的某一数字。

● HasLegend Variant 类型,可选。若指定 True,则图表将具有图例。

● Title Variant 类型,可选,图表标题文字。

● CategoryTitle Variant 类型,可选,分类轴标题文字。

● ValueTitle Variant 类型,可选,数值轴标题文字。

● ExtraTitle Variant 类型,可选,三维图表的系列轴标题,或二维图表的第二数值轴标题。

根据报表设计要求,结合报表数据类型,利用主要控件,包括 TableLayerPanel、PictureBox、ChartControl,首先在 TableLayerPanel 上进行排版,利用数据库技术将数据调取,包括字段、图片、图表,就像电子图库那样把信息调取放入相应的控件之中,然后创建一个排版相同的 Excel 模板控件,再把窗体中相关控件信息利用代码将其导入 Excel 模板形成报表。部分核心代码如下:

using Excel = Microsoft. Office. Interop. Excel;

加入引用 Microsoft. Office. Interop. Excel,Microsoft. Office. Core

Microsoft. Office. Interop. Excel. Application excel = new Microsoft. Office. Interop. Excel. Application( );

Microsoft. Office. Interop. Excel. Workbook book = excel. Application. Workbooks. Open("模板位置路径");

excel. Visible = true;

Microsoft. Office. Interop. Excel. Worksheet Sheet = (Microsoft. Office. Interop. Excel. Worksheet) book. Sheets[1];

Microsoft. Office. Interop. Excel. Range rng1 = Sheet. get_Range("B1");

rng1. Value = textBox1. Text;

string filename = "图表位置路径";

Sheet. Shapes. AddPicture (filename, Microsoft. Office. Core. MsoTriState. msoFalse,
Microsoft. Office. Core. MsoTriState. msoCTrue, 0, 60, 50, 50);

Microsoft. Office. Core. MsoTriState. msoFalse, Microsoft. Office. Core. MsoTriState. msoCTrue, 0(float left), 60(float top),

50(float width), 50(float Height);

expression. ChartWizard (Source, Gallery, Format, PlotBy, CategoryLabels, SeriesLabels, HasLegend,Title,CategoryTitle,ValueTitle,ExtraTitle) expression.

4.2　工程电子图库关键技术

施工可视化管理过程中,往往涉及工程建设的各方面问题和因素,为了给研究人员、管理人员、施工人员提供便利,需要对工程的各个阶段纸质图纸进行存储,以备在后期管理过程中查看。

4.2.1　数据库挖掘技术

在数据录入设计中,包括图纸名称、设计单位、设计、制图、校核、审查、审核日期、提交日期和图纸编号等基本信息。为了防止数据插入混乱,设置图号主键来保证图纸按顺序编码。如图 4 - 1 所示。

列名	数据类型	允许 Null 值
图号	int	☐
图纸名称	varchar(50)	☑
设计单位	varchar(50)	☑
设计	varchar(50)	☑
制图	varchar(50)	☑
校核	varchar(50)	☑
审查	varchar(50)	☑
审核日期	varchar(50)	☑
提交日期	varchar(50)	☑
保存路径	varchar(MAX)	☑
图纸编号	varchar(50)	☑

图 4 - 1　数据库列表

4.2.2　电子图库技术

利用 Visual Studio 2010 平台下的电子图库窗体,调用 SQL 中的图形的基本数据,同时利用窗体的 PictureBox 控件把数据库中的文件路径所对应的枢纽建筑物模型图形和工程设计图显示出来。主要分为数据录入、界面设计和功能实现三个部分。在电子图库窗体下进行数据的插入、上传和保存一系列步骤,从而实现前台电子图库与后台数据库的动态管理。在电子图库界面设计中,利用 Treeview 控件与 PictureBox 控件实现图名列表与图片显示的同步。通过图库工具完成对电子图库的操作,包括插入一条图片信息、修改所选图片信息、删除所选图片、保存插入信息和退出电子图库系统。为了保证当滚动鼠标时能实现图片的放缩功能,设置 PictureBox 控件 SizeMode 属性为 Zoom,这样就能当改变 PictureBox 控件大小的时候改变图片的大小来适应 PictureBox 控件。在整个模块实现过程中,功能的实现是重中之重。在功能实现的设计中,主要是显示树结构数据事件、点击目录树节点显示图库事件、PictureBox 的图片操作和电子图库的基本操作。在功能的实现中,充分考虑各个功能的逻辑关系。例如先有插入上传后有保存,先有点击图名后有图库基本操作,这样才会保证电子图库管理不混乱。在图片显示过程中,要及时释放内存,防止因照片过大而导致系统内存溢出。通过上述的步骤,该模块可以实现对现有图库的操作和更新图库。

该模块是基于数据库信息,实现对照片形式的图纸和图名进行查询、修改、删除、插入、下载、上传等一系列功能。主要分为 3 个部分:电子图库界面的设计与优化、数据库操作功能实现、整体调试问题的优化与解决。下面将对这 3 个部分可能遇到的问题与实现技巧进行详述。

1. 设计阶段与整体布局

该界面设计主要用到 PictureBox,TreeView,GroupBox,Splitcontrol,Button,Label,TextBox 控件。在窗体总体布置上,利用 Splitcontrol 控件将界面分成几个 Panel,为控件的安放位置做好规划。对于 PictureBox,TreeView,Label,TextBox,Button 控件,全都按照功能分类放进 GroupBox 控件中,这样使整个界面分布更加系统化。装载图片在 PictureBox 控件中,设置 SizeMode 属性为 Zoom,为照片的放缩与移动功能提供实现的基础。TreeView 控件是关于父节点、子节点和节点的展开的。对于 Button,Label 和 TextBox 的控件改为 Caption 属性。在界面设计的最后部分就是操作按钮插入图标,主要是设置 Image(图片文件添加)、TextImageRelation(图标的位置)这两个属性,其次要注意控件对齐与整体布局要美观,同时要利用 TextBox 控件充分显示工程所需的信息。最后的界面设计如图 4－2 所示。

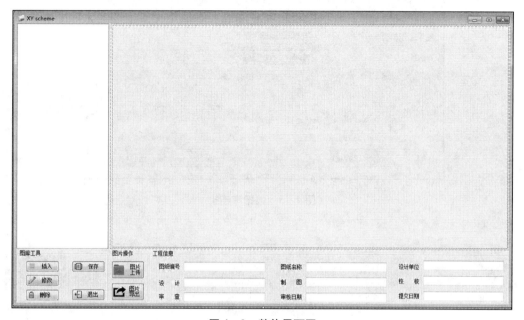

图 4－2　整体界面图

2. 界面优化

当功能实现后,关于每个控件的 Dock 属性设置和整个 Form 窗体的缩放可以根据要求实现,主要是 MinimizeBox,MaximizeBox,AutoSizeMode 的属性。同时,界面优化还有图库工具与图片操作的布局调整。

3. 数据库操作功能实现

数据库连接的方法有许多种,下面对如下的连接方法进行详解,以及就遇到的问题进行解决。

string sql = @ " Data Source = . \text;

AttachDbFilename = " " "F:\GIS 工程\y1. mdf" " ;

Integrated Security = True;

Connect Timeout = 30; User Instance = True" ;

SqlConnection sqlcon = new SqlConnection(sql) ;

sqlcon. Open( ) ;

(1)DataSource 表示数据源,". "表示本机电脑,text 表示数据库的实例名,这是在安装 SQL 的时候所设置的实例名,即如图 4－3 所示的服务器名称。

(2)AttachDbFilename 表示添加数据库文件的路径,是建立数据的名称时所保存的地方,不要在系统数据库里建立数据表。如图 4－4 所示。

(3)关于整体安全与连接时间限制和用户实例的问题,可以不需要修改。

(4)SqlConnection 表示数据库 SQL 的一个打开的连接。

图 4 - 3 数据库连接

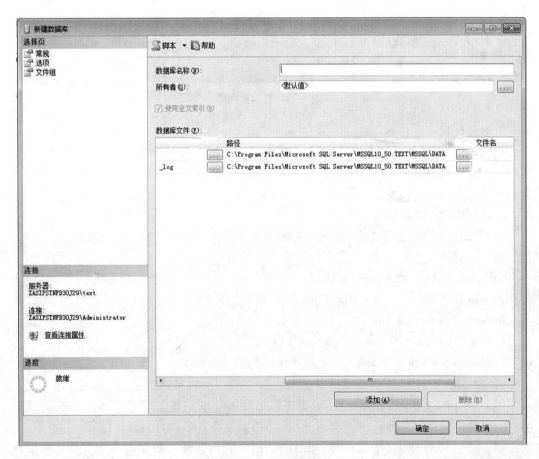

图 4 - 4 新建数据库

（5）最后就是打开数据库，对数据库进行操作，但是为了信息安全与运行效率，应在不用数据库的时候将其关闭。

4. 常见问题的解决

（1）由于 SQL 数据库的严谨性，经常会出现报错，并不是程序或是代码错误，只是一些操作不严谨。运行窗体的时候，数据库数据没显示或是无法打开默认数据库，并不是代码错误，可能是数据库在 SQL 中已经打开，Visual Studio 2010 无法调用，这样的情况只需要将数据库重新启动一下。如图 4-5 所示，在图中箭头所示的目录中点击右键就可以查看到重新启动。

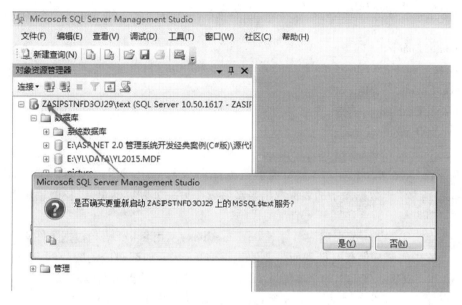

图 4-5　数据库问题处理

（2）在模块做好集成的时候，需要用到数据库的导入与导出功能。这部分会出现一些未知的错误，一般步骤为，将其所需的数据库导入到另一台电脑 SQL 里面，会出现数据库名为路径。通过再建立一个数据库，将现在的数据再导出，导入到新建的数据库，这样就可以实现数据库的调用。同时在另一个电脑下调用需要修改实例名与数据库文件路径。

（3）数据库的问题是数据类型、数值是否为空、设置主键。每个数据条编一个数据库内部编码并设置为主键，按照顺序排列。根据数据要求选择数据类型、数值是否为空。运用数据库需要添加 Using System. Data. SqlClient，否则数据库许多类库都无法使用。例如 SqlConnection，SqlDataAdapter，DataTable 等。

5. 操作功能实现的优化

（1）对于查询功能，加载窗体的时候，利用 Load 事件连接数据库，并利用 Select 语句进行选取图名加载到 TreeView 中，并且展开所有父节点与子节点，核心代码如下：

```
string SqlSelect = "select ＊ from 图名";
SqlDataAdapter masterDataAdapter = new SqlDataAdapter(SqlSelect, sqlcon);
masterDataAdapter. Fill(ds, "图名");
DataTable dtbl = ds. Tables["图名"];
```

```
int count = dtbl. Rows. Count;
sqlcon. Close();
pictureBox1. Image = null;
TreeNode no1 = treeView1. Nodes. Add("图名");
for (int i =0; i < count; i ++)
{
TreeNode node1 = new TreeNode(dtbl. Rows[i][1]. ToString());
no1. Nodes. Add(node1);
treeView1. ExpandAll();
}
update. Enabled = false;
delete. Enabled = false;
save. Enabled = false;
upload. Enabled = false;
SaveAs. Enabled = false;
```

代码中,dtb1. Rows[i][1]. ToString()表示将数据表 dtb1 中的第 i +1 行第 2 列的字段转化为字符串数据,SqlDataAdapter 表示数据库命令与一个数据连接的桥梁,DataSet 与 DataTable 是为了把数据库中的表提取出来然后放在另一个表容器里,以备调用。下一步就是加载父节点与子节点和展开父节点的代码。

实现点击 TeeView 节点响应事件 NodeMouseClick,利用 Select 语句根据条件查询对应储存在数据库中的照片保存路径和所需要的工程信息,然后加载对应的图片到 PictureBox 中并在 TextBox 中显示该工程的基本信息。同时,设置点击父节点只有收起和下拉的功能,点击子节点才会显示图片,否则会造成运行混乱。在这一步中,会出现照片过大而显示内存不足的情况,这部分在后面详细阐述,部分核心代码如下:

```
if (text == "图名")
{
textBox1. Text = "";
textBox2. Text = "";
textBox3. Text = "";
textBox4. Text = "";
textBox5. Text = "";
textBox6. Text = "";
textBox7. Text = "";
textBox8. Text = "";
textBox9. Text = "";
pictureBox1. Image = null;
}
else if (text ! = "图名")
{
string SqlSelect = "select 保存路径 from 图名 where 图纸名称 ='" + text + "'";
```

```
SqlDataAdapter masterDataAdapter = new SqlDataAdapter( SqlSelect, sqlcon) ;
masterDataAdapter. Fill( ds, "图名") ;
DataTable dtbl = ds. Tables[ "图名"] ;
if ( pictureBox1. Image ！ = null)
{
pictureBox1. Image. Dispose( ) ;
}
pictureBox1. Image = Image. FromFile( @ dtbl. Rows[ 0][ 0]. ToString( ) ) ;
DataSet ds1 = new DataSet( ) ;
string SqlSelect1 = "select ∗ from 图名 where 图纸名称 = '" + text + "'" ;
SqlDataAdapter masterDataAdapter1 = new SqlDataAdapter( SqlSelect1, sqlcon) ;
masterDataAdapter1. Fill( ds1, "图名") ;
DataTable dtbl1 = ds1. Tables[ "图名"] ;
textBox1. Text = dtbl1. Rows[ 0][ 10]. ToString( ) ;
textBox2. Text = dtbl1. Rows[ 0][ 1]. ToString( ) ;
textBox3. Text = dtbl1. Rows[ 0][ 2]. ToString( ) ;
textBox4. Text = dtbl1. Rows[ 0][ 3]. ToString( ) ;
textBox5. Text = dtbl1. Rows[ 0][ 4]. ToString( ) ;
textBox6. Text = dtbl1. Rows[ 0][ 5]. ToString( ) ;
textBox7. Text = dtbl1. Rows[ 0][ 6]. ToString( ) ;
textBox8. Text = dtbl1. Rows[ 0][ 7]. ToString( ) ;
textBox9. Text = dtbl1. Rows[ 0][ 8]. ToString( ) ;
}
```

（2）修改功能。实现思路为根据点击图片目录所获取的照片路径,利用 Select 语句获取系统内部的图号,然后利用 Update 语句完成数据库信息的更新。同时考虑如果修改图名,将更新好的数据库再次调用 Select 语句加载到树结构中,确保点击树节点显示图片正确。部分核心代码如下,代码中 Update 语句下的类是更新数据库所用,形成新的数据库表。

```
string strSQL1 = " update 图名 set 图纸编号 = '" + this. textBox1. Text + "',图纸名称 = '" + this. textBox2. Text + "',设计单位 = '" + this. textBox3. Text + "',设计 = '" + this. textBox4. Text + "',制图 = '" + this. textBox5. Text + "',校核 = '" + this. textBox6. Text + "',审查 = '" + this. textBox7. Text + "',审核日期 = '" + this. textBox8. Text + "',提交日期 = '" + this. textBox9. Text + "' where 图号 = '" + dtbl1. Rows[ 0][ 0]. ToString( ) + "'" ;
SqlCommand thisCommand = new SqlCommand( strSQL1, sqlcon) ;
thisCommand. ExecuteNonQuery( ) ;
```

（3）删除功能。实现思路为根据所选图名用 Delete 语句进行删除数据库所在字段,同时 TreeView 删除所选节点,为了防止数据库的混乱,然后对删除后的数据重新编号,部分核心代码如下:

```
string strSQL1 = "delete from 图名 where 图纸名称 = '" + textBox2. Text + "'" ;
SqlCommand thisCommand = new SqlCommand( strSQL1, sqlcon) ;
thisCommand. ExecuteNonQuery( ) ;
```

treeView1. Nodes. Remove(treeView1. SelectedNode) ;

　　(4)插入功能。实现思路分为三步,第一步为点击插入按钮,此时对图片的操作功能就不能实现,按钮设置为不可用状态;第二步为上传图片,同时数据库赋予系统图号,将保存路径保存到数据库中;第三步为填写相关信息,然后根据已经录入的图号,利用 Update 语句插入信息,同时也可以用 Insert 语句。最后再次调用数据库,将更新好的数据库同步到 TreeView 中。

int sb1 = openFileDialog. SafeFileName. LastIndexOf(". ") ;

textBox2. Text = openFileDialog. SafeFileName. Substring(0, sb1) ;

pictureBox1. Image = Image. FromFile(@ strName) ;

string sql = @ " Data Source = . \YL;

AttachDbFilename = " " E : \YL\data \YL_01. mdf" " ;

Integrated Security = True ;

Connect Timeout = 30 ; User Instance = True" ;

SqlConnection sqlcon = new SqlConnection(sql) ;

sqlcon. Open( ) ;

DataSet ds = new DataSet( ) ;

string SqlSelect = " select ∗ from 图名" ;

SqlDataAdapter masterDataAdapter = new SqlDataAdapter(SqlSelect, sqlcon) ;

masterDataAdapter. Fill(ds, "图名") ;

DataTable dtbl = ds. Tables["图名"] ;

int count = dtbl. Rows. Count + 1 ;

string strSQL1 = " INSERT INTO 图名 (图号, 保存路径) VALUES ('" + count. ToString ( ) + " ', '" + strName + " ')" ;

SqlCommand thisCommand = new SqlCommand(strSQL1, sqlcon) ;

thisCommand. ExecuteNonQuery( ) ;

save. Enabled = true ;

update. Enabled = false ;

delete. Enabled = false ;

insert. Enabled = false ;

upload. Enabled = false ;

MessageBox. Show("请填写工程信息!") ;

　　(5)其他功能实现。下载功能是利用 SaveDialong 进行保存。照片的缩放与移动需要对 PictureBox 的属性进行设置,同时设置照片缩放的限制。移动图片的问题主要是图片尺寸,尺寸过大会造成照片移动的卡顿。

4.2.3　基于 PDF 的文件显示技术

　　PDF(Portable Document Format)是一种跨平台的通用电子格式,其特点是可以保留文档原有的风格和任何文档的字体、图像、图形和版面设置;可以附加音乐、动画或是超链接;文件占用的空间很小,非常便于电子邮件或互联网的信息传播。

　　PDF 文档是通过一系列对象序列来构造。PDF 对象包括直接对象和间接对象。间接对象是经过标识的 PDF 对象;直接对象通常有布尔型、数值型、字符串型、名字型、数组型、字典型、空对象、流对象等基本类型。一个 PDF 文档包含了一个以上的页面,而每一个页面都可以包含文档、图形图像,继而加入声音和动画。在多媒体信息的组合上,将多种媒体的信息汇合在一起。

4.3   数据管理与报表关键技术

考虑到利用通用报表工具设计实现的方式存在编程复杂、通用性差、与系统开发工具不兼容等问题,本章节通过阐述数据管理与报表关键技术,满足了水利枢纽施工对各种报表的不同查询处理和信息资源共享,为施工管理和决策提供了方便快捷的信息获取手段。

在水利枢纽施工三维动态可视化管理系统研发中,数据库访问技术是决定系统性能和效率的重要因素之一。在不同数据库和不同的数据库访问技术共存的情况下,开发人员在进行数据库管理系统开发时,必须根据不同的数据库分别编写各种数据库访问接口。

在报表制作的过程中会碰到很多变量(Variables)、参数(parameters)、字段(Fields)。参数的作用一般是需要外界提供参数给报表的入口,像 SQL 语句的 where 条件的表达式。报表预览输出格式可以支持 PDF 等格式,不仅能够生成动态数据报表,还能提供很多的特性供开发人员使用,比如柱状图、饼图和各种形状的图形等,满足企业绝大部分应用的需求。

在 Visual C#语言的. NET 框架下,通过 ADO. NET 数据提供者的对象接口实现了通用数据访问,在访问不同的数据库时可以统一调用通用的数据库访问接口,使应用程序能够高效、快捷和安全地访问数据库,从而提高代码的重用性、通用性、灵活性和可扩展性。

4.4   三维辅助工具关键技术

4.4.1   MapControl

MapControl 可以对地图对象进行显示,地图的显示属性以及显示操作都在该地图对象中设置。对地图的可视化编辑的设置和操作在 MapControl 对象中设置。MapControl 对应于 ArcMap 中的数据视图,它封装了 Map 对象,并提供了额外的属性、方法、事件用于:
- 管理控件的外观、显示属性和地图属性;
- 添加并管理控件中的数据层(data layers);
- 装载 Map 文档(mxd)到控件中;
- 从其他应用程序拖放数据到控件中;
- 跟踪显示形状和图纸;
- 在可视化环境中,可以通过控件的"属性"页设置控件的相关属性,也可以通过编程来设置。

4.4.2   SenceControl

SceneControl 通过对三维模型的可视化表达,即以视觉化的形式将它们表现出来,可以真实地表现空间数据,逼真地模拟真实地理信息,进而可以直观地展现用户感兴趣的数据。一个三维场景窗口(SceneControl)只能显示一个三维场景(Scene)。

空间数据查询按查询方式来分,主要分为两类:根据属性条件查询对象和根据几何条件查询对象。无论是根据属性还是根据几何来查询对象,都必须设置相应的查询条件。在ArcGIS Engine 中,FeatureLayer 对象和 IFeatureClass 对象有一个 Search( )方法专门用于空间数据查询,同时 ArcGIS Engine 中提供了一个 IQueryFilter 接口来设置查询的条件(属性条件和几何条件)。具体步骤如下:

(1)添加窗口,在查询菜单下添加子菜单"属性查图形",添加 windows 窗口,通过代码建立连接。

(2)建立查询窗口,在工具箱里选择标签(Label)拖到窗口里,在属性页面里修改 Text,如查询图层、查询字段、查询值。在工具箱里选择 comBox 拖到窗口里,建立下拉框列表窗口,在属性页面里根据前面的标签修改其对应的名称。在工具箱里选择 Button 拖到窗口里,根据设计要求放到合适的位置并修改名称。在工具箱里选择 GroupBox 拖到窗口里,用ListBox 来存储字段值建立列表框。

(3)实现查询功能,因为要更新数据或加载某个地图时,必须要显示所加载地图的图层,所以必须更新 cmbLayers 控件中的 pLayer. Name。为了刷新图层,在主程序中设置RefreshLayer( )函数。

```
private void FrmQuery_Load(object sender, EventArgs e)
{
ILayer pLayer;
for (int i = 0; i < pMap. LayerCount; i ++ )
{
pLayer = pMap. get_Layer(i);
cmbLayers. Items. Add(pLayer. Name);
}
}
private void cmbFields_DropDown(object sender, EventArgs e)
{
cmbFields. Items. Clear( );
IFeatureLayer pFeatureLayer;
pFeatureLayer = (IFeatureLayer)pMap. get_Layer(iLayerIndex);
IFields pFields;
pFields = pFeatureLayer. FeatureClass. Fields;
for (int i = 0; i < pFields. FieldCount; i ++ )
{
string fieldName;
fieldName = pFields. get_Field(i). Name;
cmbFields. Items. Add(fieldName);
}
}
```

　　查询值是根据查询字段来确定值的,可以直接输入,也可以根据"值"来导入查询值。通过 IFeature 接口将 btnShowAllValue 和 listBoxValue 连接起来,将信息在字段值列表中显示。当查询图层、查询字段、查询值确定后,系统会根据过滤筛选来高亮显示查询的建筑物。

下篇　施工动态可视化管理模块设计及应用

第5章 施工可视化管理模块设计

施工可视化管理模块,能够实现可视化技术与管理科学的有效结合,从而实现工程场地布置及其动态变化过程的可视化管理目标,并且还可形象、直观地展示项目施工进度,进而为工程施工组织设计与管理提供全面、迅速的信息支持与有力的分析工具,能够为工程施工管理提供有利的辅助。

5.1 施工可视化管理模块设计原理

施工可视化管理具备二、三维场景联动下水工建筑物及环境要素的查询、定位、漫游、放缩、鹰眼等功能,可以通过鼠标和键盘操作控制视点位置与视角大小,实现视点的拉近和远离,以及视角的任意调整;同时为了提供更加详细的数据,运行时对各个建筑物要素的属性查询,包括仿真信息和工程基本信息,内嵌的 axMapControl 二维场景控件、axSenceControl 三维场景控件、施工基本信息、施工仿真模型,能够将施工单元之间的相互逻辑关系与信息可视化。

根据工程信息录入结果,通过后台数据库的实时链接,加载仿真数据模型信息与二、三维场景,同时动态显示总工程与单位工程的施工状态、施工信息、施工过程仿真等多方面详细信息,然后基于 ArcGIS Engine 二次开发技术、SQL Server 2008 数据库技术、空间数据库技术以及数据库连接及应用技术,对总工程、单位工程施工可视化动态管理进行详述。系统以二、三维联动的方式呈现项目施工场景,基于施工对象闪烁的方式,采用不同颜色形象展示其当前不同施工状态。动态展示包括厂房工程、泄洪闸工程、门库坝段工程、土坝工程、船闸工程五大部分的水工建筑物模型的基本属性信息和当前施工进度信息。同时呈现复杂施工过程中各施工单元的空间逻辑关系,从而揭示施工系统内部动态行为特征,同时描述和分析复杂工程施工监管过程,实现施工现场总体布置的二、三维动态演示,为全面、准确、快速地分析和掌握施工全过程以及进行多方案比较提供有力的辅助分析工具。

5.2 施工可视化管理模块功能

5.2.1 施工场地可视化布置

基于 GIS 可视化技术,根据施工场地的数字地形子系统与水工建筑物模型子系统的空间位置与逻辑关系,利用虚拟现实技术将施工场地真实场景还原,实现对水工建筑物、生产设备与生活办公设施等施工场地各类建筑物与设施的空间可视化布置,并且还可输入或链接对象的信息。

5.2.2 工程信息可视化查询

对于空间信息查询模式,主要涉及模型和属性双向查询、条件查询与热连接查询,通过信息查询,能够及时获得所需要的信息。此外,还可以任意比例浏览施工场地的二三维施工场景、建筑物图形信息等多媒体信息等,如图5-1所示。

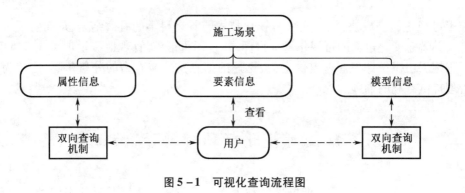

图5-1 可视化查询流程图

5.2.3 施工场地三维动态演示

工程施工可视化管理系统能够依据项目施工进度计划,对施工现场布置的时空演变过程进行模拟,并且还可推演某一时间段施工场地的场景,显示出施工系统的三维可视化表现与实时施工信息,尽量早地发现其中存在的问题,对项目场地进行合理的规划,最大限度地减少由于交叉作业等导致的场地拥堵、窝工等现象,确保施工协调有序进行。基于GIS的三维动态演示是对任意时刻工程施工系统仿真面貌的再现,它反映了仿真系统内部数据的动态变化过程。不仅用运动着的画面形象地再现了系统仿真计算的全过程,揭示了系统的动态行为特征,从而为全面、准确、快速地掌握系统演变的全过程提供有力的分析工具,而且由于动画的信息容量大,并能进行生动而形象的演绎,有助于信息沟通,为研究者提供充分的信息服务。设计流程如图5-2所示。

图5-2 施工场地动态可视化流程图

5.3 施工进度可视化管理设计与实现

针对水利枢纽施工动态管理特点,结合可视化技术与具体系统的可操作性,研发水利枢纽工程两级管理机制,将施工可视化管理模块分为总工程可视化管理模块和单位工程可视化管理模块,单位工程以船闸工程为例。

施工动态管理模块操作区共分为功能选择区、二维施工场景操作区、工程属性信息显示区、三维施工场景显示区和工程状态显示区。

功能选择区用于显示系统整体框架，包括施工可视化管理、施工过程仿真、工程电子图库、个性化报表定制等模块的界面入口。在施工可视化中，提供了总工程可视化的管理入口，通过对后台仿真数据库和工程基本数据库的调用、整合、计算，根据当前施工进度时间与施工状态信息，展示当前总体工程的施工可视化状态。

二维施工场景操作区用于显示工程的施工场景与水工建筑物模型要素融合后的场景，形象地展示施工场地的周围环境和工程水工建筑物的整体空间布局。

工程属性信息显示区用于显示当前总工程的施工状态信息，通过对后台数据库信息的整合，利用二维图表技术，实现施工信息数字化，其中包括施工网络图、施工横道图、施工 S 曲线。

三维施工场景显示区用于展现三维空间立体的施工场景，对三维水工建筑物模型与高清的数字地形进行场景融合，通过从不同视点、不同角度展示工程各个层面。

工程状态显示区用于显示当前工程中每一个子工程部分的工程基本情况、施工进度、施工过程仿真信息。

工程模块功能区是施工可视化管理的界面入口，分别对水利枢纽总工程与船闸工程进行施工动态可视化管理，系统分别进入总工程施工可视化动态管理界面和船闸工程施工可视化动态管理界面，二维场景下实现对施工信息的展示、管理和场景交互式操作，三维场景下逼真、形象地显示目标工程。通过不同颜色交替显示来表达工程处于不同施工状态下的情形，在场景中提供浮动窗体显示相应工程基本信息与施工进度信息。在总工程可视化管理下，对于建筑物与数字地形的融合后的三维场景，利用高亮闪动的方式，展现当前工程施工状态，其中包括已开工、未开工、已完工，同时提供 GIS 工具条下的三维辅助工具，包括平移、漫游、飞行、导航等交互式操作，让用户可以从各个角度、各个阶段、不同层面观察工程施工进度情况与三维水工建筑物模型。

功能选择区包括二维施工场景操作区、工程属性信息显示区、三维施工场景显示区 3 大部分。在二维施工场景操作区，二维场景根据 CAD 设计图纸的矢量化处理，以及 DEM 的生成与优化，叠加遥感影像图，形成高清 tif 地形，同时赋予各个建筑物要素图形相关的工程基本信息和数据库信息，形象地还原了水利枢纽工程未施工、已施工、已完工的状态下的建筑物整体布局，同时利用动态闪烁方法对当前正在施工的工程进行高亮闪烁显示，并设置已完工的工程为静止状态。对二维场景下的工程水工建筑物图例要素，显示选中工程对应的工程状态显示区，如图 5 - 3 所示。

三维施工场景下船闸工程施工可视化管理界面，可以实现在三维施工场景显示区中，不同角度、不同层面、不同视角的观察。本系统可提供用户交互式查询显示，设置 3 种不同的漫游方式：鹰眼模式、旋转漫游、平移缩放。通过鼠标和键盘操作，控制视点位置与视角大小，实现视点的拉近和远离，以及视角的任意调整。如图 5 - 4 所示。

对于单位工程，为了更加形象地还原船闸工程的各个组成部分以及工程进度情况，在不考虑数字地形的情况下，利用不同颜色与闪烁的方法表现工程施工状态，同时提供施工过程仿真接口辅助查看各个部分建设过程。在三维施工场景中，可以利用 GIS 辅助工具对细部实现 3 种不同的漫游方式。

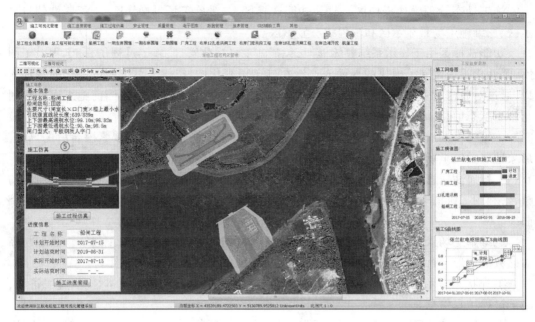

图 5-3　工程状态显示区界面

图 5-4　总工程三维场景漫游

　　工程状态显示区中包括基本信息、施工仿真和进度信息。在二维施工场景操作区中，点击二维要素图例，显示工程状态显示区。以总工程为例，点击要素，显示的工程基本信息包括当前工程的基本信息、施工仿真和进度信息。基本信息是对当前二维要素图例的概况叙述；施工仿真是将当前水工建筑物二维要素图例转化为三维模型的图名，更加形象准确地展示当前要素信息；进度信息包括工程名称、计划开始时间、计划结束时间、实际开始时间、实际结束时间,实现对工程施工信息的查看。对于单位工程,同总工程的总体布局与基本信息相似,右边的悬浮窗体是对应当前选中工程的施工网络图、施工横道图、施工 S 曲线。

　　在工程信息显示区,通过后台 SQL Server 数据库调用,将数据进行可视化操作,采用图表的方式更加形象地展现工程进度状态,显示总工程的施工网络图、施工横道图、施工 S 曲线,对于船闸工程,显示船闸工程的工程信息。对于施工网络图、施工横道图、施工 S 曲线的显示区,可以进入全屏窗体展示施工网络图、施工横道图、施工 S 曲线。

　　在工程信息显示区,显示当前选中工程的施工横道图和 S 曲线窗体。本模块根据工程实时数据,存储工程各个阶段、各组成部分的施工网络图、横道图、S 曲线,点击项目名称目录列,可显示总工程和单位工程的工程进度信息。

第6章 施工进度管理模块设计

在项目进度管理中,制订出一个科学、合理的项目进度计划,只是为项目进度的科学管理提供了可靠的前提和依据,并不等于项目进度的管理就不再存在问题。在项目实施过程中,外部环境和条件的变化往往会造成实际进度与计划进度发生偏差,如不能及时发现这些偏差并加以纠正,项目进度管理目标的实现就一定会受到影响,因此必须实行项目进度计划控制。

6.1 施工进度管理模块基本框架结构

针对水利枢纽施工条件严峻、施工工序相互干扰的特点,以及单元工程之间的复杂关系,通过对施工进度数据进行标准化处理,实现施工工程计划与实际进度信息的查询,同时利用施工横道图、施工网络图、施工 S 曲线的方式,展示当前总工程施工状态与工程之间的逻辑关系,然后基于工期 – 资源、工期 – 机械、资源 – 工期等施工进度调整数学模型,对不符合施工工序工期、施工强度要求的单位工程,通过用户交互式操作进行施工进度调整,利用施工强度曲线与施工资源直方图的表达方式,生成可行性研究方案,实现调整前后的结果对比择优。

施工进度管理基本框架结构分为施工进度调整、总工程进度优化、施工横道图、施工网络图、施工 S 曲线 5 大部分。施工进度调整一方面查看当前施工进度、施工状态及施工信息,另一方面对于不满足施工时间、施工强度、施工工期的工程进行手动式调整,达到用户可视化操作;总工程进度优化是利用高效混沌果蝇算法,结合施工边界条件,求解施工优化模型,得到满足边界条件的最优解,缩短关键线路上的施工工序工期,指导施工进度调整与智能管理;施工横道图、施工网络图、施工 S 曲线 3 大模块具有储存相关施工进度资料的功能,为施工进度管理提供数据支撑。

6.2 施工进度调整子模块设计

6.2.1 施工进度调整模块设计原理

基于 DevExpress 和 SQL Server 2008 第三方软件,实现施工计划与实际进度信息的查询,以施工横道图和施工网络图的方式,展示当前总工程施工状态和工程之间的逻辑关系,建立时间 – 费用 – 资源水利枢纽施工优化数学模型,通过用户交互式操作,实现施工进度优化调整。然后采用施工强度曲线与施工资源直方图的表达方式,生成可行性研究方案,实现施工进度调整。

利用二维图表技术与数据库挖掘技术,通过对工程基本信息的搜集、整理、计算、显示几个步骤,完成工程信息数字化操作,以施工横道图、施工网络图和施工 S 曲线形象显示工程的各个阶段情况。如果项目完成日期晚于必须完成日期,就必须将项目总工期进行压缩,优化作业原定工期(赶工),分解时间较长作业,增加资源以缩短工期;使用逻辑关系来交叉可平行作业(快速跟进),把关键作业的工作时间延长在非工作时间。如果项目完成日期超出必须完成日期,就必须充分将工程资源进行最大限度优化,充分利用各种人员、机械和材料等相关资源,保证规定时间之前完成工程;如果项目当前施工强度大于计划施工强度或是超出规定施工强度上限值,就必须通过精简人员组织结构、减少施工机械、工作强度等方式,确保施工强度达到规定要求,保证施工质量与安全。

6.2.2　施工进度调整模块功能

根据施工信息处理结果,通过后台数据库的实时链接,动态显示当前施工情况,然后根据工程进行状态,用户自定义操作,利用施工调整模型对不满足要求的工程进行调整,以达到工程要求。该模块分为施工动态管理、施工进度调整。接下来对整个施工进度调整操作进行详述。

1. 施工动态管理

施工动态管理框架结构分为工程目录、工程基本信息、工程状态、工程资源、记事本、数据显示。

工程目录用于工程项目选择,系统根据单项工程、单位工程、分部工程、分项工程等级关系进行工程分类,通过数据库数据调用、处理、计算,展示每个工程的相关信息。

在工程目录的前提下,工程基本信息区同时对分项工程进行等级分类,显示工程名称、工程编号、工程总量、工期信息、完成百分比、工程项目隶属、负责人信息,通过输入和编辑,将修改的基本信息保存到数据库中。

在工程状态区,显示工程信息、工程状态、工程限制条件,涉及计划和实际工期、开始结束时间、规定和期望开始和完工时间。通过输入和编辑,根据用户自定义时间节点,将用户修改的基本信息保存到后台数据库中。

在工程资源区,显示工程施工强度信息、混凝土浇筑、土石方开挖、土方回填资源直方图。通过输入和编辑,将用户修改的基本信息保存到后台数据库中。

记事本区是用于显示与输入对应工程的基本情况,显示工程记事本内容,同时通过修改、保存、导出、增加、删除等功能,将修改的基本信息保存到数据库中。

数据显示区用于输出施工网络图、施工图等信息,并根据调取与处理数据库的内容,点击树节点,显示对应工程的施工横道图与施工网络图。

2. 施工进度调整

在水利枢纽施工可视化管理系统中,一方面需要以施工横道图、施工强度曲线、施工网络图的方式,展现水利枢纽工程当前施工进度总体状态情况;另一方面需要对当前施工项目进行精细化管理,展示工程的进度信息与工程资源信息,包括施工工期、开始与结束时间、停工与复工日期、施工强度与资源利用的信息;当前工程不符合规定开始时间、规定结束时间、施工强度上限要求的情况下,选取计划工期完工、期望工期完工、提前完工和保证施工强度的不同优化条件,考虑施工工期、施工强度、资源使用、人员分配、机械利用的综合因素,利用施工优化模型对当前工程进行进度调整,保证施工工期与当前施工强度满足要求。

　　根据施工信息和施工边界条件的导入与处理,针对施工实际开始、结束时间和施工强度不满足要求的问题,首先高亮显示问题工程,然后对问题工程进行智能调整。

　　施工进度调整操作区共分为施工状态显示、施工调整模型、施工边界条件确定、施工调整结果显示 4 个区域。

　　施工状态显示区:具有状态显示、问题预警两种功能。既可以直接查看当前工程是否满足状态,也可以对问题工程的原因进行分析;提供预警窗口,根据问题原因,提示用户进行进度调整。

　　施工调整模型区:根据工程基本调整情况,提供四种调整方案,包括单项工程准时完工、延迟期望时间完工、提前期望时间完工、保证施工强度完工。针对不同的工程与不同的施工条件,对问题工程进行方案确定。

　　施工约束条件确定区:根据选择的施工调整方案,选择不同的施工边界条件,为施工进度调整提供数据支持。

　　施工调整结果显示区:当施工调整模型确定之后,根据施工边界条件与之前的基本信息,实现单项工程的进度调整,为施工管理提供可行性方案。

　　在施工状态显示区显示当前工程时间限制条件与施工强度条件,包括开始、结束时间和施工强度要求,根据对问题工程的原因分析,提供工程警告,包括实际开始时间不符合规定开始时间、实际结束时间不符合规定结束时间、实际施工强度不符合施工强度规定的上限值和下限值。

　　对于问题工程,进入施工调整模型区,确定问题工程的进度,调整数学模型,包括单项工程准时完工、延迟期望时间完工、提前期望时间完工、保证施工强度完工。对于单项工程开工时间延迟或是停工情况,运用工期 – 资源调整模型,在保证工期满足的情况下,充分分配施工资源;在工程完工时间延迟或是提前情况下,根据用户自定义,选择期望完成时间,利用施工调整模型,充分分配施工资源,提出可行性分配方案;针对问题工程赶工或是超强度施工情况下,利用资源 – 工期的调整模型,在满足施工强度和机械资源的要求下,保证工期最短,得出最佳的施工工期。在选择施工调整模型后,针对之前工程的不同施工情况,在施工边界条件确定区选择不同的施工边界条件。

6.3　总工程进度优化子模块设计

6.3.1　总工程进度优化模块设计原理

　　关键路径是一系列能够明确计算出项目完成日期的任务组成的路径,是完成项目所需的最长时间。关键任务直接影响项目的总工期。通过了解和跟踪项目的关键路径与分配给关键任务的资源,就可以确定哪些任务会影响项目的完成日期以及项目是否能按时完成,从而定出项目的最佳日程。所以对项目的进度优化,首先必须对关键路径上的任务和资源进行优化。对于关键任务中的可延迟时间,非关键任务的时差替代原来的关键任务的时差和总时差,当非关键任务工期拉长超过关键任务的工期,其将被重新定义为关键任务。

　　由于基本工程编制在计划施工进度时对相关影响因素的考虑较少,而水利枢纽工程施工是受多层次、多因素影响的复杂工程,往往又包含多种不确定施工因素,因此该模块通过对水利枢纽工程实际的施工状况与区域性气候条件等影响因素进行分析研究,施加优化模型约束条件,在建立模型过程中,忽略关键线路与其他项目之间的逻辑关系约束,考虑单项工程开工时间与完工时间节点要求约束,考虑单项工程施工强度上限与下限要求约束,在进度优化中考虑资源均衡与人员配备约束,修改影响日期后自动进行进度计算约束,最后完成施工进度优化模型的建立。由于果蝇优化算法具有调节参数少、全局寻优能力强、寻优精度高、计算量小等优点,因此该模块应用果蝇优化算法对施工进度优化模型进行求解,最后完成工程工期的优化。基于果蝇优化算法,将施工约束条件进行耦合,构建冰冻河流水利枢纽工程施工进度优化模型,建立基于果蝇算法求解季节性冰冻地区水利枢纽施工进度优化模型的方法,实现工程工期优化功能,提高工程施工效率。

6.3.2　总工程进度优化模块功能

针对冰冻河流上水利枢纽工程施工,计入季节性冰冻期气候、施工强度、混凝土冰冻期浇筑等影响因素,基于工程实际情况,建立施工进度优化模型,利用高效混沌果蝇优化算法,实现优化算法对施工进度优化模型的求解。面向季节性冰冻河流水利枢纽工程施工进度优化模型的建立,以施工总工期最短为优化目标,避免了模型参数设置的复杂性。模块设计 5 种施工进度约束条件下的施工优化,实现既可以添加单个约束条件完成施工工期的优化,又可以同时添加多个约束条件进行优化,通过算法的后台计算,最后输出施工进度优化后的工期结果。

施工约束条件包括是否忽略工程项目关键线路与非关键线路工序间的逻辑关系;是否考虑工程计划开始与计划结束时间节点要求对施工进度的影响;是否考虑工程项目各工序施工强度上、下限要求的约束条件;是否考虑施加人员均衡配置的约束条件;是否考虑由于工程实际施工时,气候、冰凌等因素使计划工期延迟,计入影响日期。

6.4　施工 S 曲线子模块设计

6.4.1　施工 S 曲线概述

在工程建设中,进度在不同阶段的影响因素通常会发生变化,同一影响因素在不同阶段的影响程度也会发生变化。因此,工程进度实时控制是一个动态的循环进程,是一个不断计划、执行、检查、比较、调整的过程。在这个循环过程中需要运用相应的技术方法,以达到管理的目的。其中,施工实际进度与计划进度的表达以及进度偏差的比较分析是控制过程的主要环节,是进度调整的基础。实际进度信息一般比较散乱,如何把这些信息清晰地反映出来,以及采用什么方法进行施工进度的偏差比较分析,使施工管理人员既可以直观全面地了解实际进度信息,又可以方便进行进度的偏差比较,是项目管理人员亟待解决的管理难题。施工 S 曲线为按照对应时间点给出的累积的进度、成本或其他数值的图形,一般用来表示项目的进度或成本随时间的变化曲线。该名称来自曲线的形状像英文字母 S (起点和终点处平缓,中间陡峭),项目开始时缓慢,中期加快,收尾平缓的情况造成这种曲线。

施工 S 曲线是一个以横坐标表示时间,以纵坐标表示工作量完成情况的曲线图,是工程项目施工进度控制的方法之一。该工作量的具体内容可以是实物工程量、工时消耗或费用,也可以是相对的百分比。对于大多数工程项目来说,在整个项目实施期内单位时间(以天、周、月、季度等为单位)的资源消耗(人、财、物的消耗),通常是中间多而两头少。由于这一特性,资源消耗累加后便形成一条中间陡而两头平缓的形如 S 的曲线。与施工横道图一样,S 形曲线也能直观地反映工程项目的实际进展情况。在项目施工过程中,每隔一定时间按项目实际进度情况绘制完工进度的 S 形曲线,并与原计划的 S 形曲线进行比较。S 形曲线是从工程整体的角度把握工程进展或费用情况,比较适合于对工程整体进度的偏差比较。

6.4.2　施工 S 曲线功能实现

基于 DevExpress 控件与 SQL Server 2008 第三方软件,选取 ChartControl 中 Spline 曲线类型,利用 Visual C# 4.0 编码语言,完成施工 S 曲线的标题、坐标轴、系列类型、系列值等设置。通过对后台数据库数据信息的调用,以 SeriesPoint 方式绘制工程进度与工程量完成比曲线。通过实际与计划的比较,查看工程总体完成状态与进度的提前和延迟状态。同时,考虑到施工周期的动态变化,该模块通过定时更新数据库信息,实现施工 S 曲线实时动态更新功能。

该模块根据水利枢纽工程的总体进行分类,分别为水利枢纽总工程、船闸工程、泄洪闸工程、厂房工程、土坝工程、临时辅助工程。以单位工程为例,施工信息更新分析结果整理绘制出分项工程与分部工程的施工 S 曲线。

6.5　施工横道图子模块设计

6.5.1　施工横道图概述

施工横道图又称甘特图,在流水施工原理的基础上,用于编制施工项目的进度计划,主要分为有节奏的流水施工和无节奏的流水施工两类,涉及工艺、空间和时间三种参数,利用图表的形式能直观清晰地表达各工作在时间、空间上的开展情况。把计划安排和进度管理两种功能组合在一起,通过日历形式,列出项目活动期及其相应的开始和结束日期,为反映项目进度信息提供了一种标准格式。施工横道图具有简单、明了、直观和易于编制的优点,但其也存在明显的缺点,即不能系统地表示出项目各项活动之间的复杂关系,不能表示活动较早或较晚开始或结束对进度的影响,不能指出影响项目进度的关键所在。

6.5.2　施工横道图功能实现

基于 DevExpress 控件与 SQL Server 2008 第三方软件,选取 ChartControl 中 Gantt 曲线类型,利用 Visual C# 4.0 编码语言,完成施工横道图的标题、坐标轴、系列类型、系列值等设置,通过后台数据库数据信息的调用,以 SeriesPoint 方式进行绘制工程完成量与工程时间的关系图,通过实际与计划的比较,查看工程总体完成状态与进度的提前和延迟状态。同时,该模块通过定时更新数据库信息,实现施工横道图实时动态更新功能。

该模块根据水利枢纽工程的总体进行分类,分别为水利枢纽总工程、船闸工程、泄洪闸工程、厂房工程土坝工程、临时辅助工程。这里以单位工程为例,对施工信息进行整理,绘制出分项工程与分部工程的施工横道图。

6.6　施工网络图子模块设计

6.6.1　施工网络图概述

在传统的计划工作中,曾广泛地利用施工横道图来安排形象进度。这种施工横道图可以简单、清晰地表达计划的总工期和进度安排,有利于提高管理水平和促进生产的发展,但是施工横道图作为计划管理的一种工具,却不能反映各个工序之间的相互关系。网络计划技术目前已作为一门管理科学,应用于生产实践的各个领域之中。近年来,随着概率论、模拟技术及信号流图理论的发展,网络计划技术已从最初的把各道工序的发生时间取值看作固定值的 CPM 技术,发展到目前用概率表示工序发生的随机性,用期望值代替固定时间取值的随机网络计划技术。

网络图计划的进度与成本的同步控制,在施工进度的安排上更具逻辑性,而且可在破网后随时进行优化和调整,因而对每道工序的成本控制也更为有效。同时在网络图中看到每道工序的计划进度与实际进度、计划成本与实际成本的对比,同时也可清楚地看出今后控制进度、控制成本的方向。因此,这是一种比较先进的工程进度图的表示形式。

施工网络图优化就是在满足既定条件下,利用时差不断改善网络计划的最初方案,按一定的衡量指标寻求最优方案,其优化的目的就是使一个网络图达到工期最短、资源最优、成本最低。当人力、物力和资金供应受到某种限制条件时,实现时间、资源、成本三大优化,即资源有限 – 工期最短、工期有限 – 资源均衡的优化。最佳工期、最低成本以及综合优化是施工管理的关键。

6.6.2　施工网络图功能实现

目前的施工网络图多为静止状态,不能生动地看出正在施工的工程、当前工程的施工状态以及当前工程状态对后续工程的影响。基于 DevExpress 控件与 SQL Server 2008 第三方软件,利用 Visual C# 4.0 编码语言,通过对后台数据库数据信息的调用,绘制当前工程进度情况与工程时间的关系图,利用动态闪烁的方法,采用不同颜色分别表示已完工、正在施工、对紧后工程影响、工程提前或是延迟。同时对于已完工的工程,从后台数据库调取数据绘制当前实际的施工网络图,并对当前工程后的影响工程进行预测。

通过实际与计划的比较,查看工程总体完成状态与进度的提前和延迟状态。同时,该模块通过定时更新数据库信息,实现施工网络图实时动态更新功能。本系统以依兰水利枢纽总工程和船闸工程为例,绘制实时施工网络图。

第7章 施工过程仿真及安全质量模块设计

水利枢纽工程施工是一个由复杂的信息流、物质流、控制流组成的庞大系统。施工现场管理与决策呈现时间和空间上的高维、动态、不确定等特点,因而复杂程度高,管理与决策难度大。管理与决策效率的提升对于提高水电工程施工管理水平、施工决策的科学性具有重要意义,是实现水电工程质量、进度、成本、安全、环保等建设目标的基础和保证。因此,如何提高水电工程施工管理与决策水平历来受到工程建设各方的高度重视。

随着系统科学、信息科学、管理科学等领域相关理论、方法与技术的不断发展与应用,水电工程施工管理系统、施工进度仿真、施工过程可视化等研究工作应运而生,并在工程实践中发挥了重要作用。虚拟现实技术在水电工程施工中的应用,更是将水电工程施工管理与决策推向了一个新的台阶。

施工过程仿真实现施工工程的过程仿真流程,可同时提供工程基本信息、工程备注、工程仿真模型显示、进度信息以及施工过程仿真操作,主要分为总工程施工过程仿真与单位工程施工过程仿真。

7.1 施工过程仿真模块设计原理

施工系统可以作为离散系统进行仿真。离散系统用仿真钟记录系统随时间变化的过程。仿真钟的推进通常分为事件步长法和时间步长法,可采用事件步长法提高仿真效率,节省计算时间。

在仿真过程中,需要设置这样一个机构,它可以跟踪仿真时间当前值,进行汇总,把仿真时间从当前值推进到下一个值。仿真时钟有总时钟和子时钟之分,仿真机制不同,则时钟设置不同。例如,在采用面向时间的仿真机制时,只需设置一个系统总时钟,在运用面向事件的仿真机制时,在设置系统总时钟的基础之上,还需要对仿真系统里每个实体设置子时钟。仿真时钟是仿真过程时序控制的变量,它是系统运行时间在仿真过程中的表示,而不是计算机执行仿真过程的时间长度。在离散事件系统中,引起状态变化的事件的发生时间是随机的,因而仿真时钟的推进是不等步长的,并且在两个相邻的事件之间系统状态不会发生任何变化。仿真时钟推进的方法通常包括时间步长法和事件步长法。

时间步长法:运用时间步长法推进仿真时钟,通常是以某一个规定的单位时间为增量,随着时间的增长,一步一步地对系统中的活动进行仿真。这个单位时间可能是天、小时、分、秒,但是时间步长是固定不变的。仿真时首先选取一个系统的初始状态,并以其作为仿真时钟的零点,然后以零点开始推进仿真时钟的步长,每推进一个步长就要对系统内部的活动进行分析、记录,判定是否有事件发生。如果在该步长内没有发生事件,则仿真时钟继续前进,如果在该步长内发生了事件,则认为事件发生在该时间步长的终止处,据此改变系统的状态。仿真钟继续推进到下一最早发生时间,重复上述过程,直到到达仿真技术时间。通常在运用时间步长法时容易遇到以下问题:如果在某一段时间内无事件发生,经常检查会浪费很多时间;如果在某一段时间内发生几个事件,事件都会被当作是在该步长的终止时间发生的,难免会产生一些偏差。因此,在运用时间步长法的过程中,要注意选取时间步长值,通常步长值越小,得到的结果越精确,但是需要消耗的计算时间也就越长,合理地选择时间步长值是运用时间步长法的关键。对于某些大而复杂的系统,活动太多,运用时间步长法具有一定的优越性。

事件步长法:事件步长法一般是以各个事件发生的时间为增量,按照时间的进展,一步步地对系统的行为进行动态仿真。运用这种仿真时钟推进法,仿真时钟是按照不等长的事件步长进行推进,而不是按照固定的等长度时间步长向前推进。与时间步长法相比较,可以发现事件步长法每次推进的时间增量大小是由各个事件持续的时间来决定的,并且每个事件都有确切的起、止时间,只在事件发生和结束时才进行扫描。因此,事件步长法扫描具有仿真精度高、运行效率高等优点,在仿真中应用较多。本系统模块选择用事件步长法进行仿真时钟的推进。

基于 Windows Media Player 和 SQL Server 2008 第三方软件,采用“全程仿真钟”技术,根据时间顺序,读取模型库中的模型数据及相对应的属性信息,加载得到水工建筑物系统动态仿真信息,包括仿真工序、工序时间、建筑物空间位置等,利用动画显示技术实现仿真建模、仿真计算过程以及仿真结果的可视化,从而可以为研究人员提供高效、灵活的分析环境,把水工建筑物施工任意时刻的整体面貌储存在模型库中,进行模拟工程各个组成部分的施工流程,为用户施工和管理提供数据支持。

7.2　施工过程仿真子模块设计

施工进程动画可向用户展示整个施工的演进过程。系统允许用户从任意时间点开启动画演示,控制施工动画的播放速度,并可采用拖动时间轴滑块的方式快速浏览施工过程。施工进程动画是在动画时钟的控制下,根据各个施工单元的施工时间来调整其显示属性,进一步控制施工对象绘制过程来实现。

施工过程仿真分为功能选择和施工过程仿真。功能选择用于施工过程仿真类型的选择,用户可以根据个性化选择工程类型进行查看,包括总工程施工仿真、导流工程施工仿真、船闸施工仿真等,使工程管理数字化、可视化。施工过程仿真用于显示施工过程仿真的基本信息、进度信息、仿真信息,通过用户自定义操作施工仿真工具操作区,实现对当前施工过程仿真的控制。

施工过程仿真模块,在功能选择区分为工程类型、施工过程仿真显示界面。施工过程仿真显示界面包括工程基本信息、工程备注、工程模型展示、施工过程进行仿真操作、工程进度信息、工程目录区、施工过程仿真。工程基本信息是对应当前施工过程仿真的工程名称、工程状态;工程备注是对应当前工程基本概况;工程模型展示是展示当前施工过程仿真的工程模型图;施工过程进行仿真操作是为施工过程进行仿真操作,包括前一个按钮、后退按钮、暂停按钮、前进按钮、下一个按钮,仿真顺序设为工程目录;工程进度信息包括计划开始时间、计划结束时间、实际开始时间、实际结束时间相关信息;工程目录为当前工程的各个组成部分细部;施工过程仿真为当前选择工程施工过程仿真展示区。

7.3　安全质量管理模块基本架构

安全管理与质量控制是水利枢纽工程管理的核心,两者相互联系、相互影响、相互促进。加强建筑工程施工安全管理,可加快施工速度、保证工程质量;反过来,工程质量的好坏也直接影响着安全事故发生的概率。因此,安全管理是建筑工程的卫士,质量是建筑工程的生命。

质量控制是建筑工程项目实施阶段的三大主要控制目标之一,其关键在施工阶段。大量的研究和实践表明,工程质量是建筑工程的寿命、可靠性、使用性能及经济性能得以实现的保证。要保证整个建筑工程的质量,就必须不断地提高建筑工程的质量管理水平,而建筑工程是以现场为主体的工艺过程,工程量大,涉及面广,耗费人力、物力、财力多,而且施工周期长,各种工程条件多变,受外界干扰多,特别是当前建筑建设的等级不断提高,技术要求也不断提高,这些特点决定了水利水电工程质量管理是一项政策性和技术性强、管理因素复杂、处理方法严密的工作,特别在水利枢纽工程中,安全质量管理尤其重要。

针对上述涉及的问题,水利枢纽工程施工动态三维可视化管理系统设计了安全、质量规范管理;安全、质量管理人员组织机构图;安全、质量目标及安全;质量报表及安全动态监测模块。

基于 SQL 数据库语言,利用 Visual C# 4.0 编码,实现安全管理与质量管理模块中安全质量相关信息的增加、删除、查找、修改等技术,同时针对 DevExpress 中 Gridview 控件数据呈现功能,开发并设计安全模块中的安全、质量规范管理功能,基于 Adobe Reader 第三方控件,存储各类安全与质量类国家行业规范,同时将法规、规范以 PDF 的形式展示,方便用户查询、下载、导出;根据水利枢纽工程施工管理要求,搭建安全、质量组织人员机构图与安全、质量目标功能框架,结合数据库挖掘技术,向项目管理单位及施工单位提供不同施工阶段的安全目标与里程碑任务,并实时更新人员组织名单;根据不同施工阶段问题、施工工程段、施工单位,基于 Excel 模板可编辑的功能,设计制作不同种类的安全、质量管理报表,并提供保存、导出、打印等功能,使得报表模块功能更加人性化、智能化,为依兰水利枢纽工程提供安全与质量的保证。运用 Windows Media Player、MicroSoft office 2010 和 SQL Server 2008 第三方软件,利用视频数据传输接口,实现不同施工工段的施工现场的实时动态监测。

7.4　安全质量管理子模块设计

7.4.1　安全、质量规范管理

安全、质量规范管理模块是安全管理模块中不可或缺的一部分,为项目施工管理提供相应的标准和法规。安全法规包含项目施工所需要的行业法规、施工标准、安全标准及设计规范等。质量法规包含了工程施工标准、工程审核指标等文件,将法规统一化管理,为工程建设中各部门提供了很好的便利条件,保证项目安全有序地进行。

(1)质量标准是水利水电施工经过多年的多个项目的实践和对相似模块单位质量的研究测定而制订的质量标准。它表示的是水利水电施工对施工质量水平的要求。水利水电施工质量标准原则上是高于国家相关质量法律法规和规范所要求的质量标准的。水利水电施工质量标准的作用在于衡量具体建筑项目工程施工的过程,它的各项参数是在项目工程施工前,或者是在水利水电工程实施施工前就已经确定,它代表着施工企业对该模块施工质量的预期要求。

(2)项目质量水平是在具体建筑工程项目施工的时候,采集到的该模块的质量情况。采集到的真实质量情况应该通过一定的评价方法转换为与质量标准一样的参数形式。项目质量水平这项子因素的作用就在于表示水利枢纽工程施工过程中,该模块的实际质量情况。如果实际质量水平低于我们所设定的最低值,则该模块就是质量不合格模块,需要进行质量处理。同时,项目质量水平所含的参数与工期因素和造价因素中的一些参数进行数学处理后能够给管理者提供更多的工程信息,管理者可以利用这些信息及时对各项施工工作进行调整以达到最佳的效果。

(3)规范质量标准是国家相关施工和质量验收规范对该模块施工质量的标准。国家对水利水电工程的质量有一系列的评定和验收标准,对主要的施工工艺也有相应的质量要求。将这些规范和评定标准进行整理后,按照水利水电工程结构分解形成的模块把这些质量标准分解到每一个模块上。这样形成的标准参数是对水利水电工程质量的最基本要求,是法律法规对水利水电工程质量的衡量标准值。规范质量标准一般有三个参数值,分别代表工程质量达到优秀、良好和合格。一旦表示项目质量水平的参数低于了规范质量标准中表示质量合格的参数水平,则该模块的施工质量为不合格。

本模块基于 SQL Server 2008 后台数据库,通过调用 Adobe Reader 第三方控件,利用 Gridview 控件,搭建了安全、质量规范模块框架,提供我国绝大多数现行国家行业规范和法规规范,以供用户查看,实现数据添加、删除、修改等功能,同时考虑用户方便操作的要求,该模块采用 TreeList 控件显示法律法规的名称,用户可以通过点击规范目录选择相应的规范进行查看;采用 comboBox 控件实现对法规文件的快速查找、过滤、选择。

7.4.2　安全、质量人员组织机构图

安全、质量人员组织机构图是通过界定组织的资源和信息流动的程序,明确组织内部成员相互之间关系的性质,为每个成员在这个组织中具有什么地位、拥有什么权利、承担什么责任、发挥什么作用,提供一个共同约定的框架。通过这种共同约定的框架,保证资源和信息流通的有序性,并通过这种有序性,稳定和提升这个组织所共同使用的资源在实现其共同价值目标上的效率和作用。

组织结构图是组织架构的直观反映,它形象地反映了组织内各机构、岗位上下左右相互之间的关系。组织架构图以图形形式直观地表现了组织单元之间的相互关联,并可通过组织架构图直接查看组织单元的详细信息,还可以查看与组织架构关联的职位、人员信息。同时组织结构图具有如下优势:

- 可以显示其职能的划分;
- 可以知道其权责是否适当;
- 可以看出该人员的工作负荷是否过重;

- 可以看出是否有无关人员承担几种较松散,无关系的工作;
- 可以看出是否有让有才干的人没有发挥出才干的情形;
- 可以看出有没有让不胜任此项工作的人担任重要职位;
- 可以看出晋升的渠道是否畅通;
- 可以显示出下次升级时谁是最合适的人选;
- 可以使各人清楚自己在组织内的工作,加强其参与工作的欲望,其他部门的人员也可以明了其工作,增强组织的协调性。

安全、质量人员负责的工作主要包括以下方面:

(1)负责施工项目的质量、安全管理工作,监督项目的施工质量,确保施工安全;根据项目的施工特点以及现场周边情况,做好危险源的识别,并制订有针对性的防范措施。

(2)根据国家有关工程质量的法规、规范、标准、施工图以及公司的要求,制订项目质量工作计划和检查措施;协助项目负责人建立质量、安全生产保证体系、安全防护保证体系、机械安全保证体系。

(3)参与制订施工项目的质量、环境与职业健康安全生产管理制度和技术规程,并落实、检查执行情况。

(4)负责编制质量、安全技术交底、措施、计划及方案;检查落实各级防火、防触电措施。

(5)负责安全设施、防护器材、消防器材的管理;深入现场监督检查,及时发现质量、安全隐患,大胆管理,按章办事,不徇私情,坚决制止违章作业,对紧急情况和不听从劝阻者有权停止其工作,并立即上报领导处理。隐瞒不报或未发现隐患,发生安全事故,负失职责任;做好日常质量、安全巡检,及时发现质量、安全隐患。

(6)按照规定的质量、安全检查表,进行检查、评分,进行定量、定性分析,进行动态管理。

(7)检查出的隐患和问题除口头通知有关人员外,必须发书面整改通知,并规定完成整改时间,督促有关人员及时整改,并要求有关人员将整改情况及时反馈。

(8)做好质量、安全检查日志记录,保证检查记录有检查部位、检查人、整改措施、整改人和整改时间,做好资料信息反馈。每月汇总质量安全隐患及事故统计表,项目竣工后,提交质量安全报告。

(9)加强施工现场对分包单位的管理,对分包单位施工质量、施工安全负有监督责任。

(10)在签订分包劳务合同时,提出安全质量指标和保证工程安全质量的经济制约措施,保证安全目标的实现;组织施工人员学习有关环境、职业健康安全方面的法律、法规,搞好安全教育和安全技术考核工作。

(11)负责新工人入场教育,检查班组岗位的环境、职业健康安全的执行情况;贯彻执行国家及省市有关消防保卫的法规、规定,组织制订和审查施工现场的保卫、消防方案和措施。

(12)学习安全技术知识,熟悉各种安全、质量技术措施、规章制度和标准;

(13)完成领导交办的其他工作。

7.4.3　安全、质量目标

安全、质量目标是指企业内部各个部门乃至每个人,从上到下围绕企业安全生产、质量过硬的总目标,制订各自的目标,确定行动方针,安排工作进度,有效地组织实现,并对成果严格考核的一种管理制度。安全、质量目标管理是参与管理的一种形式,是根据工作目标来控制企业安全生产的一种民主的科学有效的管理方法,是工程中实行现代安全质量管理的一项重要内容。

安全、质量目标管理在现代水利水电工程中是较先进的管理制度与方法。在水利水电工程施工管理当中实施该制度与方法,对提高工程的管理水平,调动施工人员的创造性和积极性,加强和调节单位内部的计划管理及对市场的适应性,提高管理单位经济效益等都有非常重要的意义,主要措施如下:

(1)提高施工人员的素质。水利枢纽工程施工单位必须要重视对管理人员和施工人员的素质培养,以便提高专业管理人员和施工人员的技术水平以及综合素质,增强员工的责任心。要求管理人员熟练掌握新技术产品,并严格按照施工方案、组织设计以及技术措施进行有效的管理和操作。对施工人员的敬业精神以及工作态度进行培养,在施工中避免出现漏洞以及差错等质量隐患。

(2)加强施工技术的质量控制。施工方案的确定必须要通过分级审批后做出样板,对样板反复修改后达到设计要求再进行施工。在施工技术方面要时刻注意进行控制,其主要内容有:工程项目设计、工程重难点方面的施工技术、工程项目的质量监督、熟悉并审查工程项目的施工图纸、编制工程项目施工组织设计等方面。施工过程中要严格按照工程质量检测的相关标准,对各工程进行定期的质量检测。尤其是对于质量极易出现问题的工序、对工程质量有较大影响的工序、检测手段以及检测技术比较复杂的工序,技术人员一定要严格把关,确保质量。

(3)确保施工材料的质量。选择信用度较高以及材料质量较好的厂家,并且有一定技术和资金保障,有国家认可许可证的厂家。对材料的质量、价格以及厂家供货能力等信息要及时掌握,选购材料时要有符合规范的保证书,对保证书项目不全的产品要严格把关。在施工机具的选择、使用以及管理保养方面进行严格控制。

(4)建立健全检查制度。在施工过程中检查制度要贯穿于每一个施工项目,对每一个项目进行细致的检查。施工的各个环节中都要全面实施管理并且要求管理到位。对于影响质量因素的每一方面要进行深入的研究,并且考虑到各方面的因素。

(5)完善施工质量管理制度。要根据相关文件以及质量要求规定,建立相关的质量分析制度以及奖罚条例,建立一整套规范的质量管理程序,可以对施工开工、施工过程以及工程竣工验收、客户回访和维修等方面形成统一的、完整的施工程序,在施工管理中有利于有条不紊地进行质量管理与控制。

7.4.4　安全、质量报表

随着施工信息网络现代化程度的不断提高,建立方便快捷的业务质量报表上报及查询应用系统势在必行,网络版的质量报表上报及查询应用系统的建设和使用可大大提高业务质量管理的自动化、规范化水平和工作效率。

安全、质量报表模块根据实际施工需要,按照国家要求的工程安全、质量体系制定相应的报表,通过设计报表系统,实现报表的统一管理化,实现报表的分类及查询功能,并通过代码将报表实现可导出、保存、打印的实用性功能,避免了以往的报表手写速度慢,汇报距离远的弊端,实现了报表的定制化、快速化的特点。很大程度上为工程施工报表汇报过程提高了效率。

7.4.5　安全动态监测

安全动态监测模块是通过视频传输将视频采集设备系统采集的工程现场状况及时地反馈到电脑终端，实现全天候施工现场监控，以达到施工现场安全化管理的目的。根据实际情况，考虑安全隐患问题，在施工现场架设摄像头，通过物联网对现场施工安全情况实时传达到监控室，专职人员会根据相应的安全法规对现场施工进度是否合理，施工环境是否安全，施工人员是否按照安全法规进行施工实施实时监控，对于不合安全指标的施工情况进行紧急通知并进行处理，保障施工现场的安全施工。

安全动态监测，不仅能够方便管理施工现场的进行情况和为施工现场科学管理提供分析依据，更重要的是通过实时监控，数据分析，对施工项目现场进行快速、准确的安全调控和安全评估，为迅速决策和发挥工程效益服务，同时减轻施工伤亡，增加劳动安全，提高劳动效率，以适应信息化发展的要求，为全面提高工程项目的施工及管理创造条件。

安全动态监测设计应遵循以下原则：

● 根据工程建设等级、地质条件、结构特点，按照突出重点、统筹安排选择监测项目，合理布置监测摄像位置，监控关键施工部位；

● 监测项目和仪器布置，要突出重点并要兼顾全局，注重监控画面的实时汇报，做好相关预警工作；

● 监测设备应定时进行检修维护，做好相应的保护工作，避免设备因天气环境出现问题；

● 应本着"实用、可靠、经济、先进"的原则选取监控设备。

安全动态监测人员应做好以下工作：

● 按照工程施工进度，制作安全动态监测人员的作息时间表，保证监控中心能够实时进行监控，保证现场安全，杜绝施工现场的违规施工；

● 做好安全汇报报表，针对每一天施工工况、施工进度、施工现场维护情况进行记录汇报，为管理单位对施工单位下达指令提供参考依据；

● 做好监控视频的存档，视频记录情况必须长期保存，应每一周进行一次拷贝保存，统一归档。

一个标准的视频监控系统，由五大部分组成：视频采集系统、视频传输系统、视频切换管理系统、数据分析、客户端。视频采集系统主要是完成对前端图像信号的获取；视频传输控制系统完成对前端图像信号的传送和控制通信；视频切换管理系统完成对图像信号的切换控制和资源分配；数据分析指视频进入客户端前的具体工况数据情况。具体结构图如图7-1所示。如果建设一套好的系统，选用的都是高指标、高画质的摄像机、镜头、监视器、录像机，但是没有良好的传输系统，最终在监视器上看到的图像将无法令人满意。

传输系统应按照以下几种实际情况进行布设：

● 对于传输三四百米内的监控环境，采用视频基带传输方式，其频率损失、图像失真、图像衰减的幅度都比较小，能很好地完成传送视频信号的任务。如果传输中存在高压设备、交流变频器、变电站等干扰源，则应选择宽频共缆、双绞线传输方式，以保证视频传输质量。

● 对于传输距离较远的监控环境，采用光纤传输。光纤传输具有衰减小、频带宽、抗电子电磁干扰强、质量轻、保密性好等优点，已成为长距离视音频及控制信号传输的首选方式。

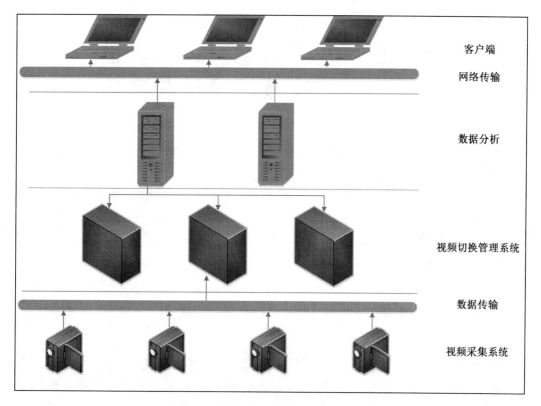

客户端

网络传输

数据分析

视频切换管理系统

数据传输

视频采集系统

图 7 - 1　安全动态监测系统结构示意图

● 对于跨城区、超远距离或已有内部局域网的监控环境来讲,监控信号传输选用数字网络传输方式,通过把视频或控制信号转换成数字信号在网络上传输,用网络监控软件对监控信号进行多方监看和控制。

第8章 施工动态可视化管理
辅助系统设计与实现

基于数据库挖掘技术、二维图表生成技术、PDF 的文件显示技术,运用 PDF 和 SQL Server 2008 第三方软件,通过后台数据库的实时动态链接与导入的录入结果,保存到后台 SQL Server 2008 数据库,利用 PDF 浏览控件,为用户提供可以随时查看各个工程设计阶段的成果与施工各类图纸,同时展现工程各个详细施工部分的各角度三维图名,使得用户可以更加直观、逼真、形象地观察工程各个部分。按照施工过程与施工阶段,工程电子图库分为:可行性研究资料、初步设计资料、施工设计资料、三维建筑物图。

8.1　工程电子图库子模块设计

为了实现工程管理信息化、现代化、规范化,工程电子图库模块分为可行性研究资料、初步设计资料、施工设计资料、三维建筑物效果图,对工程各个阶段的各类图纸的基本信息进行整理、录入,其中主要包括图纸编号、图纸名称、设计单位、审查、校核、设计、制图、审核日期、提交日期等基本信息,完成将纸质地图转化为电子图,最终用户可以选择性地进行查看,并对当前图纸的基本信息进行插入、修改、删除、保存等操作。

考虑到工程进度实时更新,工程电子图库提供对当前图纸的导出与插入功能,完成工程电子图库实时更新,且储存的图纸具有永久性作用,用户在下次使用工程电子图库时,可以查阅到此次上传的图纸,为用户将纸质图纸转化为电子类图库提供工具,辅助管理者更加高效、快速地储存当前工程资料,同时为多次查阅提供方便。

8.2　数据管理与报表模块基本框架

报表具有准确性、完整性、及时性的特点,针对关键数据进行核查、比对和分析,自动发现不合理、不准确的数据并且能够提供发现和纠正的机制;能够检查报表中数据是否完整,发现是否有报表缺失、数据缺失的情况;能够检查历史统计报表是否及时生成数据。针对实际应用中各种报表打印的不同需求和诸多不便,对.NET 框架打印控制技术进行了深入研究,分析了有关打印控制的类及其使用方法,结合对数据库中数据的访问,开发个性化专用报表定制。个性化报表定制强大而不复杂,简洁而不简单,包含报表的组织、展现、位置等各方面,同时要符合用户的操作习惯,无须冗余的点击,可以快速定位到需要的报表。

运用 EXCEL 和 SQL Server 2008 第三方软件,提供工程各个单位的基本信息,同时提供了施工单位子接口,实现总系统与子系统的数据传输与共享,为施工单位数据及时上传和管理单位数据处理提供关键支撑;通过预留接口可研发施工各部分管理信息、进度信息、财务信息、材料机械资源信息、施工日志和合同等相关管理功能。数据管理与报表模块框架包括施工单位基本信息、施工单位管理子系统和报表管理。

8.3　数据管理与报表子模块设计

8.3.1　施工单位基本信息

水利枢纽施工动态三维可视化管理系统提供了施工单位基本信息模块，用于查询工程各个部分的施工单位基本信息及其负责的相应工程的进度情况。其主要内容包括：业主单位、工程名称、规模、性质、用途；同时涉及资金来源、投资额、建设单位、设计单位、监理单位、施工单位、工程地点、工程总造价、施工条件、开竣工日期、建筑面积、结构形式、图纸设计完成情况、承包合同等。

8.3.2　施工单位数据子系统

施工单位子系统作为水利枢纽施工动态三维可视化管理系统的数据窗口，具有传输施工单位数据、协助施工单位动态管理、接收管理单位信息、施工单位与管理单位数据共享等功能。施工单位子系统根据主系统的框架结构，从数字化、可视化、智能化三个方面，结合施工单位具体情况，提供施工可视化、施工进度管理、施工过程仿真、数据信息管理、费用管理、安全质量管理、电子图库七大模块，如图 8-1 所示。施工单位子系统共享管理部门部分数据，对负责每项工程的施工单位提供不同的数据接口，传输相应工程的数据。施工单位子系统根据管理单位数据与施工单位采集的数据进行可视化动态管理，对于子系统中的报表数据、施工数据、工程数据可以通过数据信息管理模块上传到管理单位主系统，最终完成管理单位与施工单位的信息获取、资源共享、协助管理，实现水利枢纽建设实时动态监测与可视化管理。

施工单位数据子系统作为施工单位与管理单位的数据接口，完成施工单位信息与管理单位信息的连接共享，实现工程信息反馈及时、准确，为管理单位实时监测提供数据支持。船闸施工子系统按照施工可视化管理系统的框架思路，确保了系统的统一性与功能的完备性。向施工单位提供施工三维可视化、施工网络图、施工横道图、常用报表等施工动态管理功能；同时预留接口，通过扩展研发可实现施工进度管理、施工过程仿真、数据信息管理、电子图库以及质量、安全、费用等管理功能。

8.3.3　个性化报表定制

Excel 作为办公软件，功能强大、应用普遍，几乎是桌面系统必备的通用软件。该模块基于 Excel 进行报表的二次开发，开发的报表具有二次编辑功能，最终用户可以进行再加工，最大限度地满足用户需求，保证报表数据来源的准确性、数据处理的合理性、数据输出的规则性。运用 Visual studio 2010 和 SQL Server 2008 数据库等工具进行开发，并使它们完美结合，达到了技术最优化程度。按照施工三维动态可视化管理的需求，开发出用户界面友好、运行效率高效的报表系统，为管理提供了及时、准确的数据支撑。

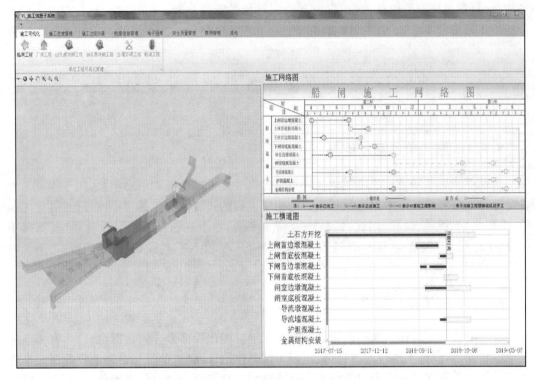

图 8-1　施工管理子系统

数据管理与报表模块分为报表种类选择区和报表操作区。报表种类选择用于选择当前的报表类型,包括工程基本信息类、工程进度信息类、施工状态管理类、施工机械类、工程费用管理类、施工周月季报表、施工质量管理类、施工安全管理类,根据用户自定义选择报表类型查看;报表操作用于显示当前选择类型的报表,包括报表目录区、查询条件、工具箱、报表显示区,用户可以根据帮助导航对报表进行交互式操作。

8.4　GIS 辅助工具子模块设计

8.4.1　GIS 辅助工具概述

地理信息系统(Geographic Information System,GIS),又称为"地学信息系统"。它是在计算机硬件、软件系统支持下,对整个或部分地球表层(包括大气层)空间中的有关地理分布数据进行采集、储存、管理、运算、分析、显示和描述的技术系统,是表达、模拟现实空间世界和进行空间数据处理分析的"工具",也可看作是人们用于解决空间问题的"资源",同时还是一门关于空间信息处理分析的"科学技术"。

ArcGIS Engine 是 ArcGIS 的一套软件开发引擎,可以创建自定义的 GIS 桌面程序。ArcGIS Engine 支持多种开发语言,包括 COM,. NET 框架和 C#,能够运行在 Windows,Linux 和 Solaris 等平台上。这套 API 提供了一系列比较高级的可视化控件,大大方便了程序员构建基于 ArcGIS 的应用程序。ArcGIS Engine 是 ESRI 在 ArcGIS 9.0 版本才开始推出的新产品,它是一套完备的嵌入式 GIS 组件库和工具库,使用 ArcGIS Engine 开发的 GIS 应用程序可以脱离 ArcGIS Desktop 而运行。GIS 二次开发工具如图 8 - 2 所示。

ArcGIS Engine 功能层次由以下 5 个部分组成:

①基本服务。包含了 ArcGIS Engine 中最核心的 ArcObjects 组件,几乎所有的 GIS 组件需要调用它们,如 Geometry 和 Display 等。

②数据存取。包含了访问矢量或栅格数据的 GeoDatabase 所有的接口和各类类组件。

③地图表达。包含了 GIS 应用程序用于数据显示、数据符号化、要素标注和专题图制作等需要的接口和类组件。

④开发组件。用于快速开发应用程序的高级用户接口控件和大量可以由 ToolbarControl 调用的内置 commands、tools、Menus。

⑤运行时选项。ArcGIS Engine 运行时可以与标准功能或其他高级功能一起部署。

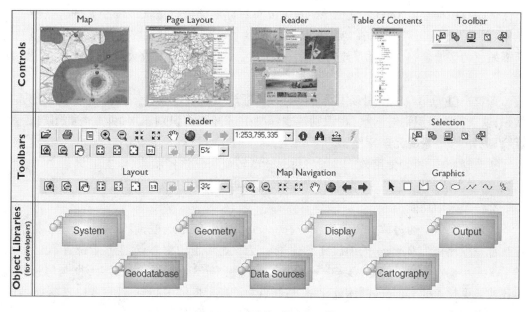

图 8 - 2　GIS 二次开发工具

基于 GIS 二次开发,可以提供互动式查询展示,包括旋转漫游、鹰眼模式、平移缩放等漫游操作。可利用鼠标操作控制点位置与视角高度,完成场景下水工建筑物的拉近和远离。通过视角的任意调整,实现不同角度、不同层面、不同视角的观察。

8.4.2　功能实现

ArcGIS 的可视化用户界面组件,能够嵌入应用程序中。例如 MapControl 是地图控件类用于为显示带有空间坐标与地形地貌特征的二维地图提供载体,同时应用于地理数据的显示与分析;SceneControl 是一个高性能的嵌入式的开发三维场景组件,提供了开发建立和扩展 Scene 程序,它可实现类似于 ArcScene 的功能,提供了显示、浏览和增加空间数据到 3D 的方法等。

1. 二维地图功能

工具条包含了一组 GIS 工具,用来与地图、地理信息进行交互,如平移、缩放、识别、选择、点击查询、三维空间浏览中的导航(Navigate)等,如图 8-3 所示。工具出现在应用程序界面的工具条上。工具简化了定制程序的构建过程,通过提供一组常用的功能,开发者能够很容易地将选中的工具拖放到程序界面上。

图 8-3 二维地图工具条

①平移(Pan)。使用该工具可将地图平移指定距离,并显示新数据。用鼠标左键按住地图窗口的某一点,可任意拖动地图,松开左键,被平移的地图重新显示。

②缩放(Zoom In/Out)。使用该工具可以对目标地图进行放大或缩小处理。点击工具条中"放大"或"缩小"按钮,在地图上点击一下,地图按默认比例系数放大或缩小,或是围绕所需缩放的区域画一个方框来放大或缩小地图。ArcMap 将地图放大或缩小到方框定义域大小。

③识别(Identify)。使用该工具可以查看目标地图的特定属性。点击工具条中"识别"按钮,就会弹跳出识别对话框,在识别范围一栏中选择所需识别图层,再点击此图层要素,就会显示出该要素的元素特性。

④选择(Select)。使用该工具可将目标地图转变为已选择状态,点击工具条中"选择"按钮,再点击地图上任意一个多边形,则该多边形会成为"入选要素"。

2. 三维地图功能

①放大操作。通过放大工具在 axSceneControl 中画出矩形框,以屏幕与该矩形框的长度比或宽度比作为 Camera 的缩放比率,目标点为该矩形框的中心点,观察者位置不变。

②缩小操作。通过缩小工具在 axSceneControl 中画出矩形框,以该矩形框与屏幕的宽度比或长度比作为 Camera 的缩放比率,目标点为该矩形框的中心点,观察者位置不变。

③全图操作。以原始 SceneGraPh 范围作为 Camera 的视野范围。

④导航操作。改变观察者位置的 Z 值。

⑤漫游操作。改变观察者位置的(X,Y)值,Z 值不变。

3. 空间查询功能

空间查询功能包括双向查询、条件查询与热链接等。双向查询就是根据相应层中的要素来查找与之相对应的属性,或根据属性表中的某一属性来查询某对应图层中的图素。如激活要查询的对应图层,用鼠标在屏幕上拾取任意一点,则可弹出与该点相对应的属性信息。条件查询即按指定的条件查找相应的信息,如查询指定日期的施工面貌,按时间查询语句可表达为 Select(* * ,from database,where time = " * * ")。

①首先,根据属性表查询建筑物,建立属性信息表窗口,储存属性信息。其次,根据选择查询的图层来定义属性信息表的信息展示范围,如查询图层要素为船闸工程时,属性信息表的列表展示信息只为船闸工程的图层信息。选择属性信息表的某行建筑物属性信息为选择对象,双击后选中建筑物属性信息,其对应的建筑会高亮显示。

②图形信息查询,可以通过点、矩形、圆和多边形等图形来查询所选空间对象的属性,也可以查找空间对象的几何参数,如两点间的距离、线状地物的长度、面状地物的面积等。

4. 空间分析功能

①距离测量。可根据 ToolBarControls 中添加的工具具体功能,通过鼠标在地球窗口上选择起始点及终点,系统可以计算出某两点或多点间的贴地距离和投影距离。

②面积测量。可根据 ToolBarControls 中添加的工具具体功能,通过鼠标在地图窗口上,利用点选方式形成封闭图形,系统可以计算出封闭图形的有效面积。

③体积测量。在用户指定的区域内,通过设置挖填深度,得到挖方体积、填方体积以及挖填方体积差,并显示出表面特征的详细信息。土方可有边坡,可设置边坡角度。地形的填挖是在施工场地地表 DTM 上进行的。由于 DTM 是由许许多多个不规则三角形组成的,且每个三角形都有其属性(包括面积、高程、坡度、坡向等),因此,可以较为容易地得到填挖面与地形的交线,进而确定填挖区域与表面积,然后,可进一步计算填挖体工程量。原始地形采用 TIN 格式表示,初始边坡面亦可由 shape 转化为 TIN 格式,边坡开挖即转化为两个 TIN 的求交操作。利用 3D Analyst 模块,求出两面相交区域在水平面上的投影(一般为 GRID 栅格数据格式),将其转化为 shape,然后分别对初始两个 TIN 进行编辑,叠加此 shape 的特征,即得到开挖后地形及边坡。

第9章 依兰航电枢纽建设三维动态可视化管理系统

针对冰冻季节性河流航电枢纽工程的施工条件复杂,施工期内雨季多发,特别是为了保证工程进度,多家承包商同时进场,平行作业、作业面狭窄,势必导致互相干扰,为施工过程中的工期、质量等控制带来诸多不确定因素;同时航电枢纽水工建筑物种类多,其内部各部分之间既相互联系又相互制约,关系错综复杂,涉及工程施工的各个方面,难以用简单图表或数学模型来描述。基于 GIS 的工程施工三维动态可视化仿真技术,来描述和分析复杂工程施工系统,以基于数字化的直观可视化为出发点,呈现复杂施工过程中各施工单元的时空关系,从而揭示施工系统内部动态行为特征,并将施工过程用动画的形式形象地描绘出来,同时描述和分析复杂工程施工监管过程,揭示施工系统内部动态行为特征,实现施工现场总体布置的全过程三维动态演示,为全面、准确、快速地分析和掌握施工全过程以及进行多方案比较提供了有力的辅助分析工具,为简化仿真建模过程以及直观获取和表达仿真信息提供一条便捷有效的途径。可视化仿真实现了仿真建模、仿真计算过程以及仿真结果的可视化,从而可以为研究人员提供高效、灵活的分析环境,更有效地掌握系统的内外部关系,更深刻地理解系统的动、静态特征和规律。最终通过对各分部分项工程施工计划与实时成果的直观显示,达到全面、准确、快速管控枢纽建设全过程的目的,实现航电枢纽工程建设的数字化、可视化、智能化管理。

依兰航电枢纽工程施工动态可视化管理系统包含施工可视化管理、施工进度管理、施工过程仿真、安全管理、质量管理、工程电子图库、数据管理与报表、GIS 辅助工具的八大模块,可以实现工程基本信息展示,并利用 ArcGIS 二次开发对二、三维场景下施工场地中总工程与单位工程进行可视化动态管理,完成单位工程进度智能调整,同时可以使用各类图表展示方式进行调整成果对比、工程施工部分进行可追溯化过程仿真和水工建筑物进行三维多角度展示,对工程各部分详细信息实现个性化报表定制,为工程建设管理单位与施工单位形成闭环管理提供技术支持与途径,旨在提高对总工程和各分部分项工程可视化管理与过程仿真直观显示,达到全面、准确、快速管控枢纽建设全过程,实现航电枢纽工程建设精细化、可追溯化管理,为航电枢纽动态施工管理的实现提供一条可靠途径。

9.1 系统登录

本部分主要是基于输入的用户名和密码,进入系统。

打开依兰航电枢纽工程施工动态可视化管理系统,输入系统用户名 用户名：admin 和密码 密 码：****** ,选择 登录 按钮,登录系统,如图 9 - 1 所示。

图 9 - 1　系统登录界面

9.2　施工可视化管理

根据工程信息录入结果，通过后台数据库的实时链接，加载仿真数据模型信息与二、三维场景，同时动态显示总工程与单位工程的施工状态、施工信息、施工过程仿真等多方面详细信息，接下来以依兰航电枢纽工程为例，对总工程、单位工程施工可视化动态管理进行详述。

【工程模块功能】区，该功能区是施工可视化管理的界面入口，点击总工程全视景仿真按钮 ▨总工程全视景仿真 ，进入总工程全视景仿真窗体，观察依兰航电枢纽建设完成之后的总体场景和建筑物空间信息，同时可以利用 GIS 辅助工具，对场景进行放缩、漫游、鹰眼等操作。如图9 - 2、图9 - 3、图9 - 4 所示。

【工程模块功能】区，以依兰航电枢纽工程为例，分别对依兰航电枢纽总工程与船闸工程进行施工动态可视化管理，点击 ▨总工程可视化管理 按钮，系统分别进入总工程施工可视化动态管理界面，包括如图9 - 5、图9 - 6、图9 - 7 所示。

在【工程模块工程区】（①），包括【二维施工场景操作】区（②）、【工程信息显示】区（③）、【三维施工场景显示】区（④）三大部分，在【二维施工场景操作】区（②）中，各个要素图形被赋予建筑物相关信息和数据库信息，形象地还原了航电枢纽工程在未施工、已施工、已完工的状态下的建筑物整体布局。

图 9 - 2　　总工程全景仿真界面

图 9 - 3　　总工程全景仿真场景放缩

图 9 - 4　　总工程全景仿真场景漫游

图 9-5　施工可视化管理功能区选择界面

图 9-6　二维场景下总工程施工可视化管理界面

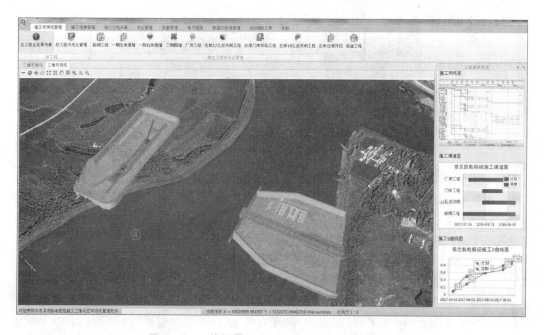

图 9-7　三维场景下总工程施工可视化管理界面

　　用红色模型和闪动的方式表示当前正在施工状态工程为船闸工程、12 孔泄洪闸工程、厂房工程,对二维场景下的船闸图例要素进行选择,弹出【工程状态】区(⑤)。

　　在【工程状态】区(⑤)中,包括基本信息、施工仿真、进度信息,在【二维施工场景操作】区(②)点击二维要素图例的前提上,显示【工程状态】区,以总工程为例,点击厂房工程要素,显示的基本信息是对当前二维要素图例的概况叙述;基本信息施工仿真是将当前二维要素图例转化为三维模型效果图,更加形象准确地展示当前要素信息;进度信息包括工程名称、计划开始时间、计划结束时间、实际开始时间、实际结束时间,实现对工程施工信息的查看。

　　双击船闸图形要素可进入三维场景下船闸工程施工可视化管理界面,在三维场景下,本系统可提供互动式查询显示,设有三种不同的漫游方式:鹰眼模式、旋转漫游、平移缩放。可以通过鼠标和键盘操作控制视点位置与视角大小,实现视点的拉近、远离和视角的任意调整,实现在【三维施工场景显示】区(④)中不同角度、不同层面、不同视角的观察。如图 9-8、图 9-9 所示。

图 9-8　工程状态区显示界面

　　点击工程进度信息区(③),分别点击施工网络图、施工横道图、施工 S 曲线框体,连接到施工进度管理的图标存储区,利用全屏闪动的方法显示施工网络图,利用颜色标明的方法显示施工状态,已完成为深蓝色,正在施工为红色,对紧后工程影响为紫红色,工程提前或延迟施工为绿色,未开工为浅蓝色;施工横道图,利用图表的形式能直观清晰地表达各工作在时间、空间上的开展情况;施工 S 曲线是从工程整体的角度把握工程进展或费用情况,比较适合于对工程整体进度的偏差比较。如图 9-10、图 9-11、图 9-12 所示。

　　以单位工程-船闸工程为例,用红色模型和闪动的方式表示当前船闸工程正在施工的状态为上闸首工程、下闸首工程、闸室工程,未开工的工程为上游导航墙工程、下游导航墙工程,同时在三维场景图中,可以利用 GIS 辅助工具对船闸细部【三维施工场景显示】区(④)中实现三种不同的漫游方式。以闸室为例,点击闸室图形要素,显示闸室属性信息,点

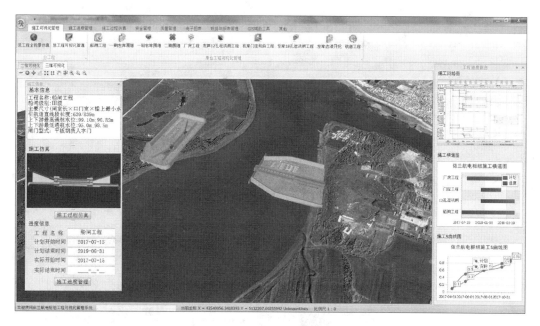

图9-9　三维场景信息显示

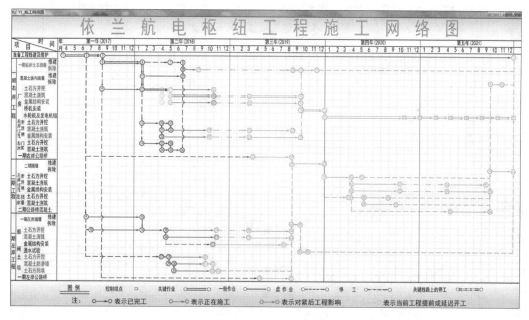

图9-10　施工网络图展示窗体

击施工过程仿真按钮,链接到施工过程仿真模块,显示闸室施工仿真流程。如图9-13、图9-14、图9-15、图9-16所示。

在【工程信息显示】区(③),显示船闸工程的施工网络图、施工横道图、施工S曲线。当双击【工程信息显示】区(③)后,弹出施工横道图与施工S曲线展示窗体,点击项目名称目录列,分别可显示总工程和单位工程的工程信息。如图9-17、图9-18、图9-19所示。

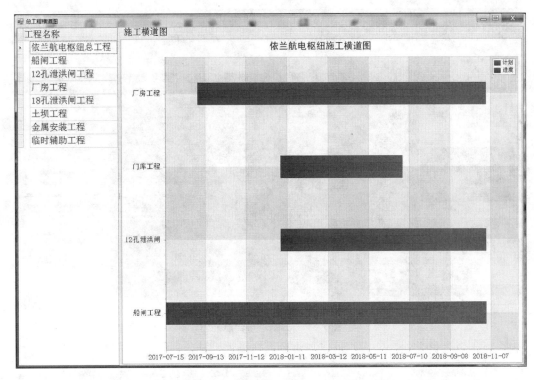

图 9 – 11　施工横道图展示窗体

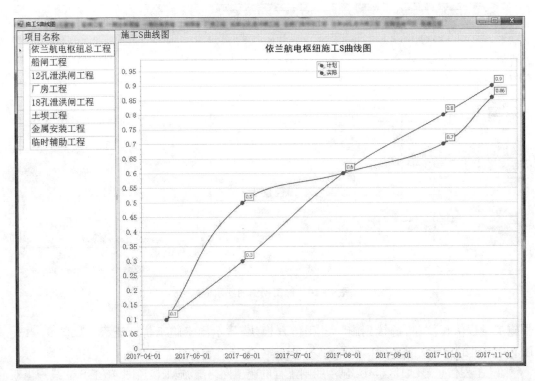

图 9 – 12　施工 S 曲线展示窗体

图 9 - 13　二维场景下船闸工程施工可视化管理界面

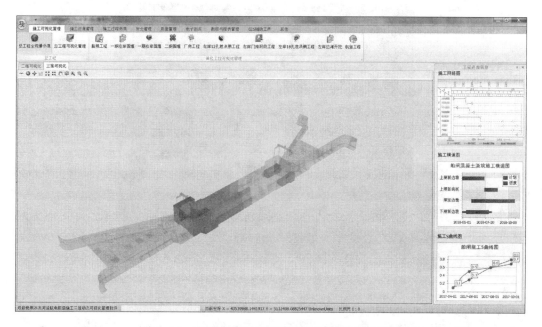

图 9 - 14　三维场景下船闸工程施工可视化管理界面

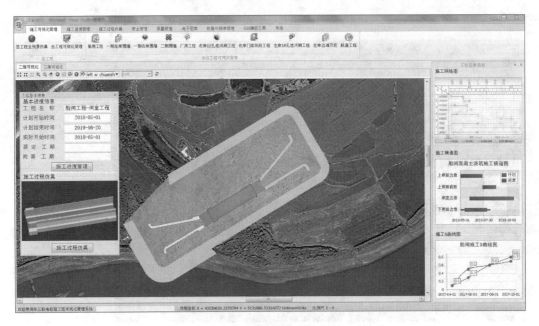

图 9 – 15　二维船闸属性信息

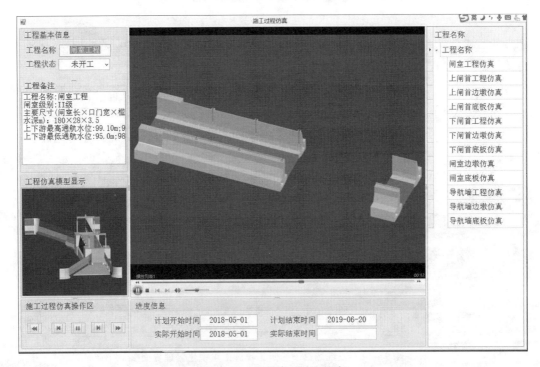

图 9 – 16　闸室施工过程仿真

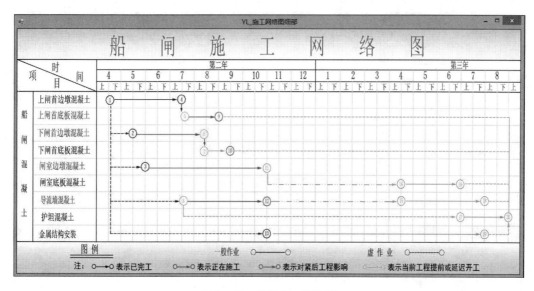

图 9 - 17 船闸施工网络图

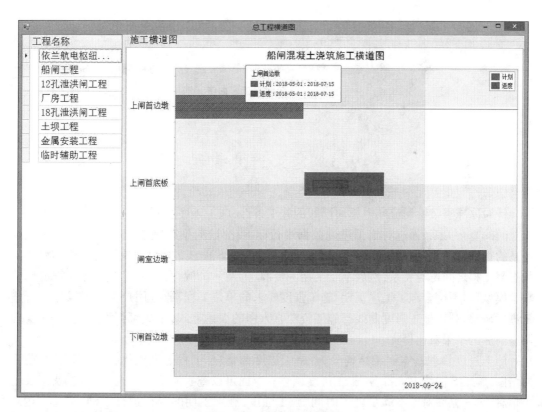

图 9 - 18 船闸施工横道图

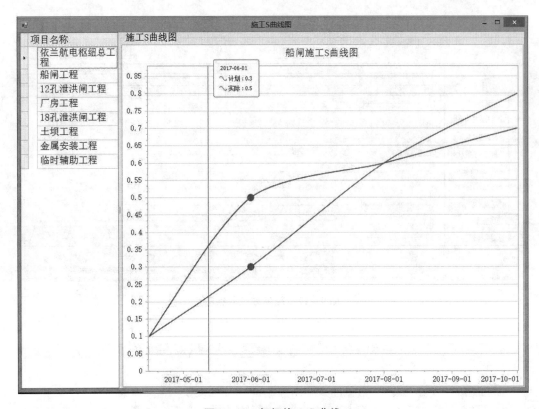

图 9 - 19 船闸施工 S 曲线

9.3 施工进度管理

针对冰冻季节性河流航电枢纽严峻的施工条件、施工工序相互干扰的特点以及单元工程之间的复杂关系,通过对施工进度数据进行标准化处理,实现施工工程计划与实际进度信息的查询,同时利用施工横道图、施工网络图、施工 S 曲线的方式,展示当前总工程施工状态与工程之间逻辑关系,然后基于工期－资源、工期－机械、资源－工期等施工进度调整数学模型,对不符合施工工序工期、施工强度要求的单位工程,通过用户交互式操作进行施工进度调整,利用施工强度曲线与施工资源直方图的表达方式,生成可行性研究方案,实现调整前后的结果对比择优。

施工进度管理基本框架结构分为:施工进度调整、总工程进度优化、施工横道图、施工网络图、施工 S 曲线五大部分,施工进度调整一方面可以查看当前施工进度、施工状态及施工信息,另一方面对于不满足施工时间、施工强度、施工工期的工程进行手动式调整,达到用户可视化操作;总工程进度优化是利用高效混沌果蝇算法,结合施工边界条件,求解施工优化模型,得到满足边界条件的最优解,缩短关键线路上的施工工序工期,指导施工进度调整与智能管理;施工横道图、施工网络图、施工 S 曲线三大模块具有储存相关施工进度资料的功能,为施工进度管理奠定数据基础。

9.3.1　施工进度调整

根据施工信息处理结果,通过后台数据库的实时链接,动态显示当前施工情况。接下来对整个施工进度动态调整管理操作进行详述。

1. 操作区

施工动态管理模块操作区共分为:工程目录、工程基本信息、工程状态、工程资源、记事本、数据显示以及导航 7 个区域。

【工程目录】用于工程项目选择,系统根据单项工程、单位工程、分部工程、分项工程等级关系进行工程分类,点击每个工程,通过数据库数据调用、处理、计算,展示对应工程信息;

【工程基本信息】用于显示工程的基本信息,包括工程名称、工程编号、工期、工程量、完成百分比等信息;

【工程状态】用于显示工期基本信息、工程状态、工程限制条件,包括工程基本特征时间表达;

【工程资源】用于显示施工强度限制条件和混凝土浇筑、土石方开挖、土石方回填的强度曲线信息;

【记事本】用于显示与输入对应工程的基本情况录入;

【数据显示】用于输出施工网络图、施工图等信息;

【导航】用于辅助使用者完成系统的使用。

施工进度调整操作区共分为施工状态显示、施工调整模型、施工边界条件确定、施工调整结果显示 4 个区域。

【施工状态显示】用于状态显示、问题预警两种功能,既可以直接查看当前工程是否满足状态,也可以对问题工程的原因进行分析,然后提供预警窗口,提示用户根据原因进行进度调整;

【施工调整模型】根据工程调整基本情况,提供四种调整条件:单项工程准时完工、延迟期望时间完工、提前期望时间完工、保证施工强度完工,针对不同的工程与不同的施工条件,对问题工程进行条件确定;

【施工约束条件确定】根据施工调整条件确定,选择不同的施工边界条件,为施工进度调整提供数据支持;

【施工调整结果显示】当施工调整模型确定之后,根据施工边界条件与之前的基本信息,实现单项工程的进度调整,为施工管理提供可行性方案。

2. 操作说明

在【工程目录】,根据工程项目等级要求,显示处理后的数据。直接点击工程目录,选择①区域目录,点击一级子目录,根据工程等级,逐级显示,以一期左岸工程与船闸工程为例,点击工程节点,显示子工程下拉菜单,同时展现一期左岸工程和船闸工程施工信息,如图 9-20、图 9-21 所示。

在单击工程目录的前提下,在【工程基本信息】区同时对分项工程进行等级分类,以船闸工程的下闸首边墩混凝土浇筑为例,显示工程名称、工程编号、工程总量、工期信息、完成百分比、工程项目隶属、负责人信息,同时通过输入和编辑,利用回车键进行修改基本信息,保存到数据库中,如图 9-22 所示。

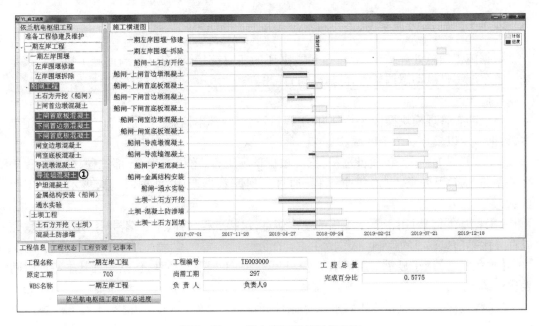

图 9 - 20　一期左岸工程目录显示区

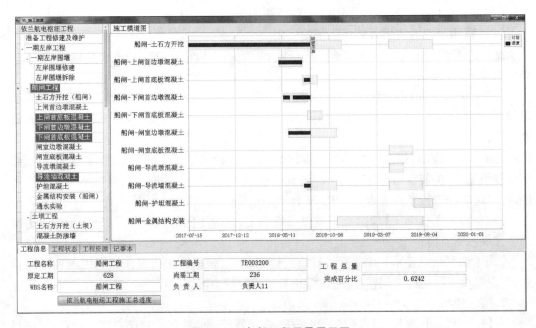

图 9 - 21　船闸工程目录显示区

在【工程状态】区,以船闸工程的下闸首边墩混凝土浇筑为例,显示工程信息、工程状态、工程限制条件,涉及计划和实际工期、开始结束时间、规定和期望开始和完工时间。同时通过输入和编辑,根据用户自定义时间节点,利用回车键进行修改基本信息,保存到数据库中,如图 9 - 23 所示。

图 9 – 22　基本信息显示与修改界面

图 9 – 23　工程状态显示与修改界面

在【工程资源】区,以船闸工程的下闸首边墩混凝土浇筑为例,显示工程施工强度信息、混凝土浇筑、土石方开挖、土方回填资源直方图。同时通过输入和编辑,利用回车键进行修改基本信息,保存到数据库中,如图 9 – 24 所示。

图 9 – 24　工程资源显示与修改界面

在【记事本】区,以船闸工程为例,显示工程记事本内容,同时通过修改、保存、导出、增加、删除等功能,利用回车键进行修改基本信息,保存到数据库中,如图 9 – 25 所示。

图 9 – 25　工程资源显示与修改界面

在【数据显示】区,以船闸工程为例,根据数据库内容调取与处理,点击树节点,显示对应工程的施工横道图与施工网络图,如图 9 – 26 所示。

在具体操作过程中,用户可参考位于系统界面上方的【导航】区的提示,完成模型使用。

根据施工信息和施工边界条件的导入与处理,针对施工实际开始与结束时间和施工强度不满足情况的问题,设计了提示高亮显示问题工程功能,如图 9 – 27 所示,进行对问题工程的智能调整。

系统进入施工进度调整管理之后,在【施工状态显示】区显示当前工程时间限制条件与施工强度条件,包括开始结束时间与施工强度要求,如图 9 – 28、9 – 29 中①和②所示。根据对问题工程的工期、施工强度等原因分析,提供工程警告,包括实际开始时间不符合规定开始时间、实际结束时间不符合规定结束时间,实际施工强度不符合施工强度规定的上限值与下限值。

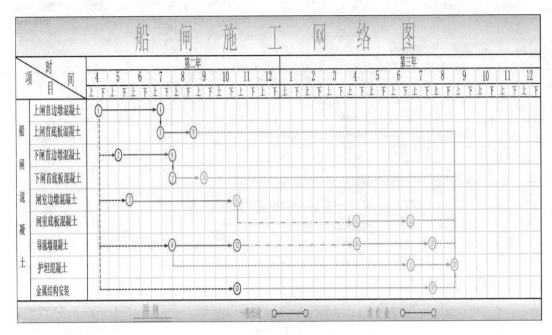

图 9 - 26　数据显示区

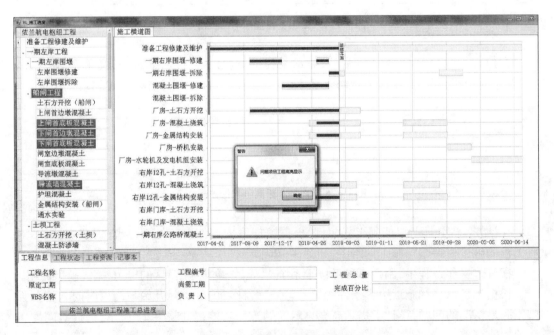

图 9 - 27　问题工程提示窗口

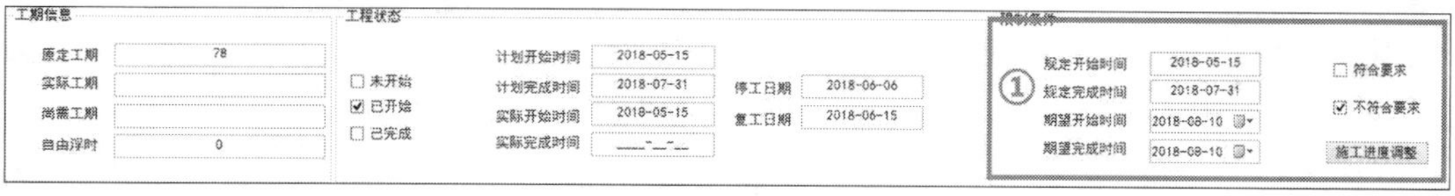

图 9 - 28　施工工期限制条件区

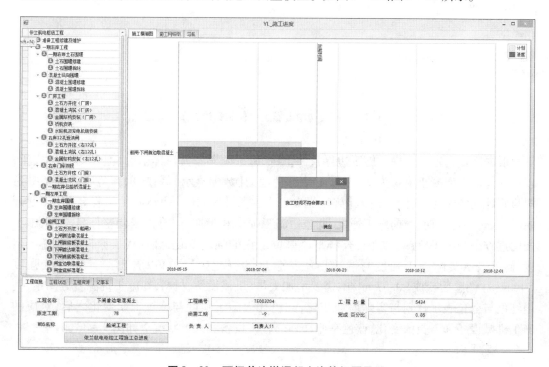

图 9 - 29　施工强度限制条件区

对于问题工程,选择 施工进度调整 按钮,进入【施工调整模型】区,确定问题工程进度调整的数学模型,包括单项工程准时完工、延迟期望时间完工、提前期望时间完工、保证施工强度完工,对于单项工程开工时间延迟或是停工情况,运用工期 - 资源调整模型,在保证工期满足的情况下,充分均衡资源分配;在工程完工时间延迟或是提前情况下,根据用户自定义,选择期望完工时间,利用施工调整模型,充分分配施工资源,提出可行性分配方案;针对问题工程赶工或是超强度施工情况下,利用资源 - 工期的调整模型,在满足施工强度及机械资源的要求下,保证工期最短,得出最佳的施工工期。以船闸工程下闸首边墩混凝土浇筑为例,根据施工横道图可以看出,下闸首边墩混凝土浇筑超出了施工计划完成时间,点击总界面下限制条件中的 施工进度调整 按钮,选择延迟期望时间施工调整模型。如图 9 - 30、图 9 - 31 所示。

图 9 - 30　下闸首边墩混凝土浇筑问题显示

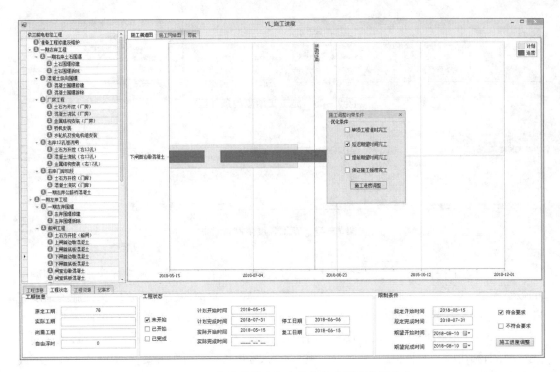

图 9 - 31   下闸首边墩混凝土浇筑施工调整模型确定

在选择施工调整模型后,针对不同的施工状态,在【施工边界条件确定】区选择不同的施工约束条件,如图 9 - 32 所示。以船闸工程下闸首边墩混凝土浇筑为例,选择期望完成时间 2018 - 08 - 18。

图 9 - 32   下闸首边墩混凝土浇筑施工边界条件确定

根据用户自定义选择的施工边界条件,点击施工调整条件窗体下的 施工进度调整 按钮,以下闸首边墩混凝土浇筑为例,在施工动态管理的【数据显示】区,显示调整后的施工横道图与原计划的做比较,同时进入【施工调整结果显示】区,显示调整后的工程名称、计划开始、结束时间与工期、当前施工强度、调整后施工强度和工期,同时根据调整信息,提供施工强度直方图与施工资源直方图,查看整个单位工程的强度变化,红色代表原计划的施工强度,蓝色表示实际施工强度与调整后施工强度的变化幅度,可以看出原计划施工强度 70 m³/d,调整后变成 90.57 m³/d,需要增加人员、机械设备、材料,在施工资源直方图中,利用红色与蓝色表示计划与实际增加变化,红色代表施工强度与施工工期变化之后,对应的施工机械设备和人员的变化,蓝色是原计划的施工设备和人员状况。如图 9 - 33、图 9 - 34、图 9 - 35 所示。

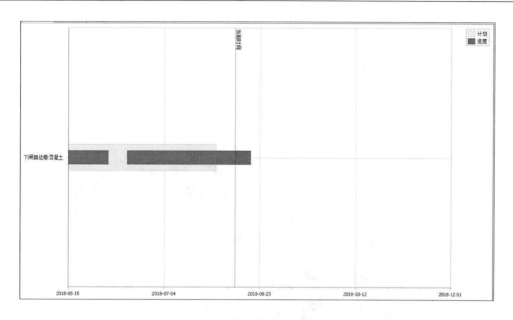

图 9-33　施工横道图调整结果

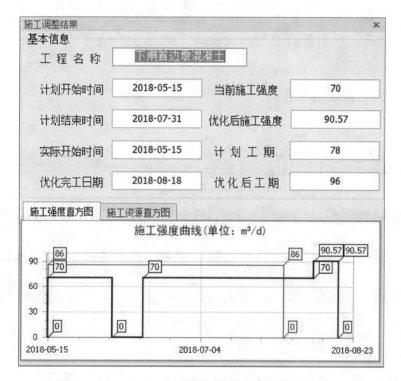

图 9-34　施工调整结果 - 施工强度曲线

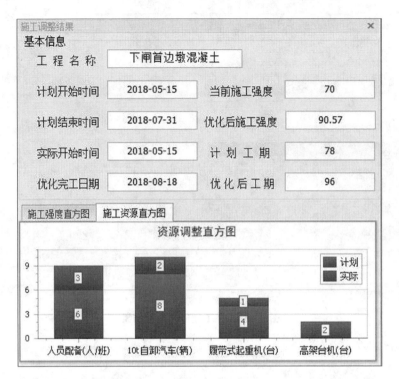

图 9 - 35　施工调整结果 - 施工资源直方图

9.3.2　总工程进度优化

1. 操作区

总工程进度优化共分为六大区域：

【优化算法参数设置】用于果蝇优化算法的各个参数设置；

【施工进度优化】用于果蝇算法对施工进度优化模型求解；

【总体基本信息显示】用于显示工程录入的总体基本信息情况以及工程工期优化前后的对比情况；

【优化信息显示】用于显示工程关键线路上各项工序原计划工期以及优化后各工序工期；

【施工进度横道图显示】用于显示工程关键线路上所有工序的施工进度横道图；

【工期优化曲线显示】用于显示果蝇优化算法的迭代优化过程；

【导航】用于辅助使用者完成软件的使用。

（2）操作说明

果蝇优化算法的各个参数需在【优化算法参数设置】区输入。　种群规模　　　　　表示优化算法种群的大小；　优化代数　　　　　　表示优化算法迭代次数,输出最终结果。选择输入框,系统会弹出提示窗口,如图 9 - 36 所示,根据提示窗口信息进行优化代数的输入。

图 9 - 36　迭代次数

　　系统设定算法优化代数在 800 ~ 1 000 之间,以保证优化算法的可行性与优越性; 步长调整系数 表示优化算法搜索的空间大小,步长越大算法搜索的空间越大,步长越小算法搜索的空间越小; 变异概率 表示算子交叉变异的概率。

　　种群规模设置以 50 为例;优化代数以 1 000 为例;步长调整系数以 10 为例;变异概率设置以 0.5 为例,参数输入显示界面如图 9 - 37 所示。数据导入后,选择 确定 按钮,保存参数设置。

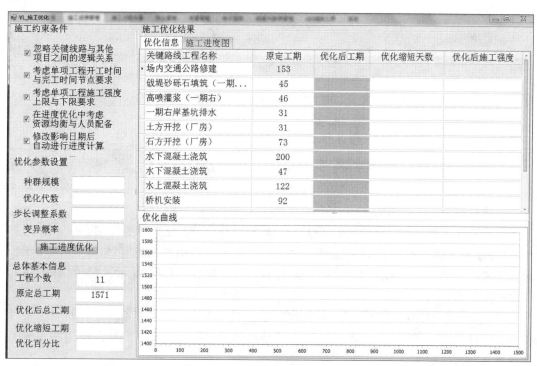

图 9 - 37　总工程进度优化界面

　　【施工进度优化】区是系统进行后台运算的区域,选择 施工进度优化 按钮,系统将对录入的数据通过后台计算进行工期优化。工期优化完成后,优化信息情况在【总体基本信息显示】区显示。此区域由五个基本显示窗口组成: 工程个数 显示软件录入工程关键线路上工序的个数；原定总工期 [____] 显示工程原计划总工期；优化后总工期 [____] 显示工程优化后总工期；优化缩短工期 [____] 显示优化后工程工期缩短的时间；优化百分比 [____] 为工程优化后工期缩短时间与原计划工期的比值。以依兰航电枢纽工程为例，经果蝇算法优化后，工程总工期缩减到 1 461 天，优化了 110 天，优化百分比为 7%。如图 9-38 所示。

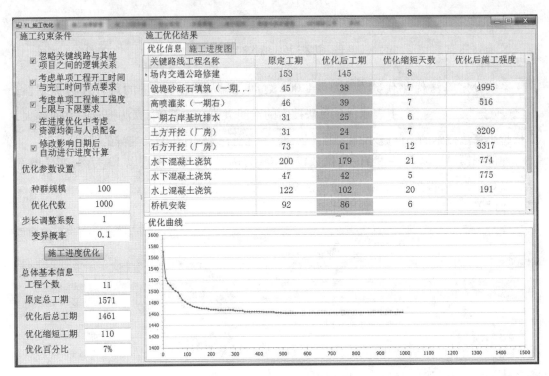

图 9-38　总工程进度优化结果

以依兰航电枢纽工程为例，其工程总工期 1 571 天。【优化信息显示】区把工程关键线路上所有工序工期优化后进行显示，原计划工期与优化后工期结果如图 9-39 所示。

【施工进度横道图显示】区将工程关键线路上所有工序的施工横道图以计划开始时间、计划结束时间、优化后各工序开始时间、优化后各工序结束时间进行显示，结果如图 9-40、图 9-41 所示。

其中，外宽线段为工程原计划时间，内深色窄线段为优化后工程各工序开始与结束时间。在软件使用时在施工进度图上以竖线的形式显示出当前时间以供软件使用者判断工程进度是滞后或超前。

【工期优化曲线显示】区显示为果蝇优化算法优化过程曲线，其中横坐标为迭代次数，纵坐标为工程总工期。以依兰航电枢纽工程为例，迭代次数设置为 1 000 次，优化曲线如图 9-42 所示。

工程由原定总工期 1 571 天，通过优化模型的建立，优化算法迭代 1 000 次后结果收敛于 1 461 天。

优化结果图表显示模块

优化信息　施工进度图

关键路线工程名称	原定工期	优化后工期
场内交通公路修建	153	143
戗堤砂砾石填筑（一期右）	45	38
高喷灌浆（一期右）	46	39
一期右岸基坑排水	31	26
土方开挖（厂房）	31	26
石方开挖（厂房）	73	61
水下混凝土浇筑	200	176
水下混凝土浇筑	47	42
水上混凝土浇筑	122	102
桥机安装	92	84
水轮机及发电机安装	731	718
总工期	1571	1461

图 9 - 39　优化信息显示界面

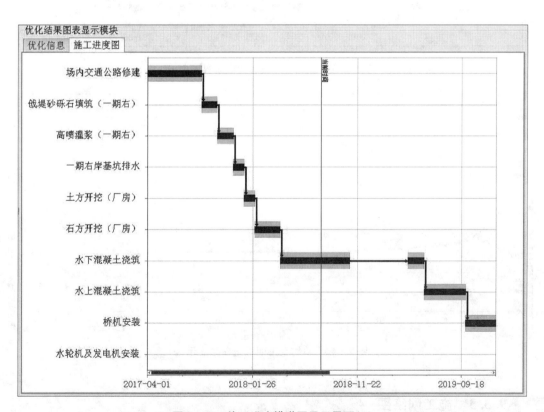

图 9 - 40　施工进度横道图显示界面(1)

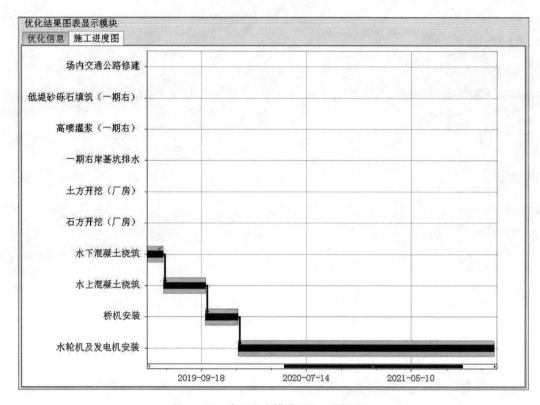

图 9 – 41　施工进度横道图显示界面(2)

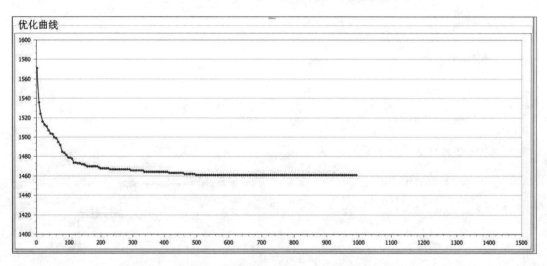

图 9 – 42　单约束工期优化曲线显示区

9.3.3　施工网络图

本模块主要是存储及动态绘制各单位工程的施工网络图,利用颜色和闪烁的方法表现工程的施工状态,分为正在施工的工程、已完工的工程、未开工的工程、当前工程状态延迟、当前工程对紧后工程有影响,如图 9 – 43 所示。

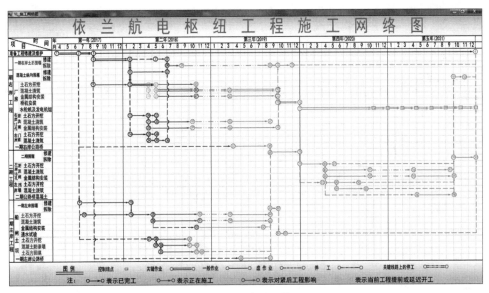

图 9-43　施工网络图

9.3.4　施工横道图

本模块主要是存储及动态绘制各单位工程的施工横道图,外宽线段表示施工计划的工期,对应施工计划开始时间与施工计划结束时间;内深色窄线段表示当前施工实际的工期,对应当前的施工实际开始时间与施工实际结束时间,通过数据库实时链接,动态显示任意时刻的施工横道图,如图 9-44 所示。

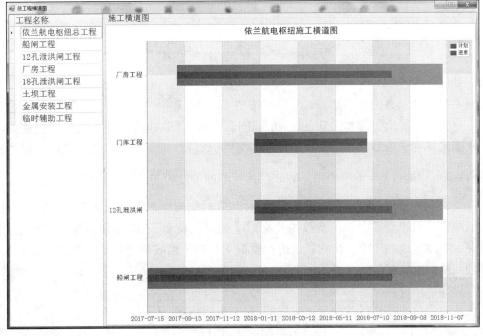

图 9-44　施工横道图展示窗体

9.3.5　施工 S 曲线

本模块主要是存储各单位工程的施工 S 曲线,以备查看。如图 9 – 45 所示。

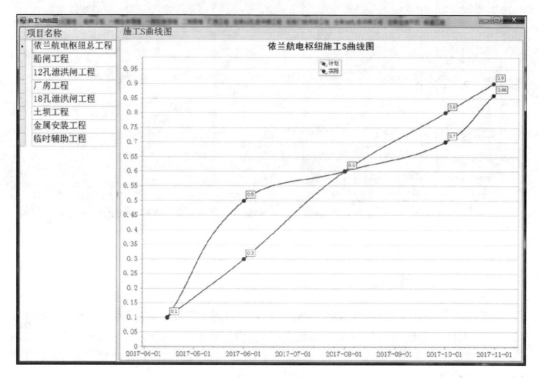

图 9 – 45　施工 S 曲线展示窗体

9.4　施工过程仿真

施工过程的动态仿真是基于 GIS 的三维动态演示,采用"全程仿真钟"的方法,加载得到水工建筑物系统动态仿真信息,包括仿真工序、工序时间、建筑物空间坐标位置及其属性等。水工建筑物子模型 i 对应任意时刻的面貌 $W_i(t)$,则 t 时刻的工程施工整体面貌可表示为 $W(t) = \sum_{i=1}^{n} W_i(t)$,$n$ 为子模型总数。总体模型面貌随时间的变化而变化,把水工建筑物施工任意时刻的整体面貌储存在模型库中,并与其时间属性数据进行关联,在动画演示时,按时间顺序读取模型库中的模型数据及相对应的属性信息,不断更新属性数据变量,刷新屏幕显示。本系统利用施工仿真模块进行模拟工程各个组成部分的施工流程,为用户施工和管理提供数据支持与技术路线。

1. 操作区

施工过程仿真操作区共分为功能选择、施工过程仿真。

【功能选择】用于施工过程仿真的类型选择,用户可以根据个性化选择功能选择工程类型进行查看,包括总工程施工仿真、导流工程施工仿真、船闸施工仿真等,使工程管理数字

化、可视化;

【施工过程仿真】用于显示施工过程仿真的基本信息、进度信息、仿真信息,通过用户自定义操作施工仿真工具操作区,实现对当前施工过程仿真的控制。

2.操作说明

进入工程施工三维动态可视化管理界面,点击工程区标签的施工过程仿真,进入【功能选择】区,如图9-46所示。在【功能选择】区分为各种工程类型,以船闸施工仿真为例,点击  按钮,进入船闸施工过程仿真显示界面,如图9-47所示。船闸施工过程仿真显示界面包括工程基本信息区(①)、工程备注区(②)、工程模型展示区(③)、施工过程仿真操作区(④)、工程进度信息区(⑤)、工程目录区(⑥)、施工过程仿真区(⑦)。工程基本信息区(①)对应当前施工过程仿真的工程名称、工程状态;工程备注区(②)对应当前工程基本概况;工程模型展示区(③)为当前施工过程仿真的工程模型效果图;施工过程仿真操作区(④)为施工过程仿真操作,包括前一个 按钮、后退 按钮、暂停 按钮、前进 按钮、下一个 按钮,仿真顺序设为工程目录;工程进度信息区(⑤)包括计划开始时间、计划结束时间、实际开始时间、实际结束时间相关信息;工程目录区(⑥)为当前工程的各个组成部分细部;施工过程仿真区(⑦)为当前选择工程施工过程仿真展示区。

| 总体工程施工仿真 | 导流工程 | 船闸施工仿真 | 厂房施工仿真 | 泄洪闸及门库坝段工程仿真 |
| 施工仿真 | 单位工程仿真 | | | |

图9-46　施工过程仿真功能区

在船闸施工过程仿真显示界面中,点击界面右边的工程名称,相对应的工程信息、工程备注、工程仿真模型与进度信息显示当前选中的工程的相关信息。以点击船闸工程为例,如图9-47所示,对于施工过程仿真操作区,通过系统的工程信息录入方式,链接后台数据库,通过SQL语言进行有条件查询,显示相对应船闸工程仿真的工程信息、工程备注、工程仿真模型显示与进度信息,点击快进、暂停、退后,分别对施工过程的仿真过程进行操作,点击下一个按钮,将展示当前工程目录中的下一个工程,点击上一个按钮,将展示当前工程目录中的上一个工程,以船闸工程为例,点击 按钮,将展示船闸上闸首工程仿真流程,点击 按钮,将展示船闸导航墙底板仿真流程,其他步骤依照船闸工程仿真操作即可。

以点击闸室工程为例,进行单位工程下的各个部分的仿真流程。如图9-48所示。

在具体操作过程中,用户可参考位于系统界面上方的其他模块中的【导航】区的提示,完成工程可视化动态管理的操作使用。

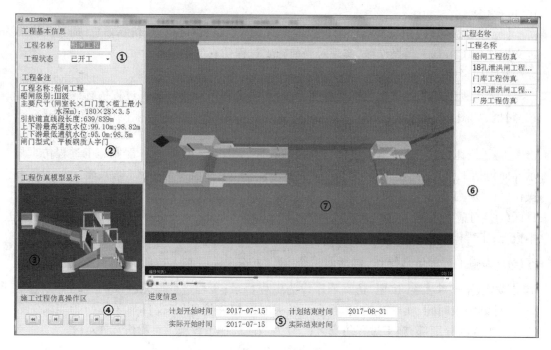

图 9 - 47　船闸施工过程仿真显示界面

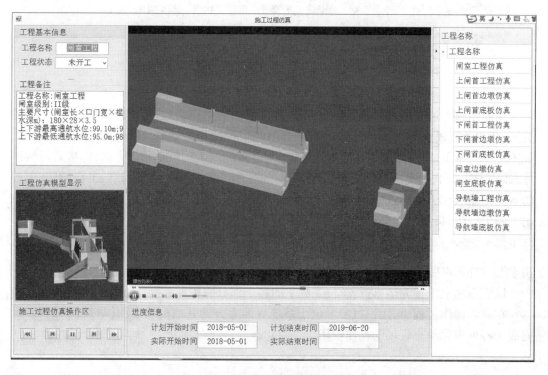

图 9 - 48　闸室施工过程仿真显示界面

9.5　工程电子图库

根据工程信息中工程电子图库导入的录入结果,保存到后台 SQL Server 数据库,通过后台数据库的实时动态链接,为用户提供可以随时查看各个工程设计阶段的成果与工程各个部分的各角度视图。

基于工程信息的录入,工程电子图库对可行性研究图纸、初步设计图纸、施工设计图、水工建筑物三维效果图进行展示,为用户提供可以随时查看各个工程设计阶段成果与工程各个部分的各个角度视图。

1. 操作区

【功能选择】用于工程电子图库类型的选择,用户可以根据个性化选择功能选择需要的图库类型进行查看,使工程管理数字化、可视化;

【电子图库】用于可行性研究图纸、初步设计图纸、施工设计图、水工建筑物三维效果图的显示,根据工程信息录入,展示各类图纸的基本信息,利用系统提供的工具,对工程电子图库进行操作,将纸质地图转化为电子图,为用户提供便利。

2. 操作说明

进入工程施工三维动态可视化管理界面,点击工程区标签的电子图库,进入【功能选择】区,如图 9 – 49 所示。在【功能选择】区分为图表类型,点击 可行性设计图纸 按钮、初步设计图纸 按钮、施工设计图纸 按钮、建筑效果图 按钮,进入电子图库显示界面,如图 9 – 50、图 9 – 51、图 9 – 52、图 9 – 53 所示。电子图库界面包括图库目录(①)、图库工具(②)、工程信息(③)、图库显示区(④)。图库目录对应工程电子图库的名称;图库工具:表示对当前图纸和效果图进行插入、修改、删除、保存、退出的功能 ;工程信息包括图纸和效果图的图纸编号、图纸名称、设计单位、审查、校核、设计、制图、审核日期、提交日期;图库显示区为图纸的显示区域。

图 9 – 49　工程电子图库功能选择区界面图

进入工程电子图库展示窗体,在图库目录区(①),列举各类图纸的名称,点击对应的图纸名称,将在工程信息(③)、图库显示区(④)中显示对应的图纸信息,在点击图纸名称的基础上,可进行修改、删除、图纸导出、插入的操作,用户可以在工程信息(③)内填写相关信息,然后点击 修改 按钮,可以将图纸工程信息修改部分保存到数据库中;点击 删除 按钮,可以将当前显示的图纸及其相关信息删除;点击 退出 按钮,退出工程电子图库展示窗体。工程电子图库采用 PDF 查看器与图片查看器,用户可以利用鼠标,对当前图纸与模型效果图进行平移、放缩的操作,为用户提供多角度、多视角查阅方法。

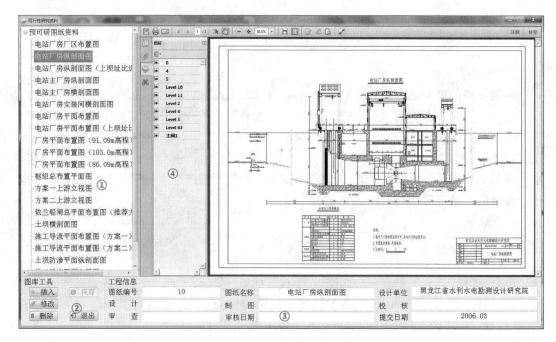

图 9-50　可行性研究资料图纸展示窗体

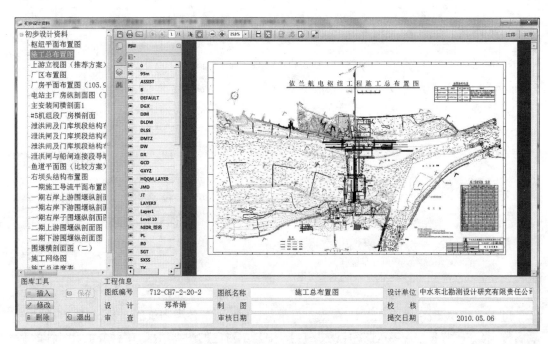

图 9-51　初步设计资料图纸展示窗体

图 9-52 施工设计资料图纸展示窗体

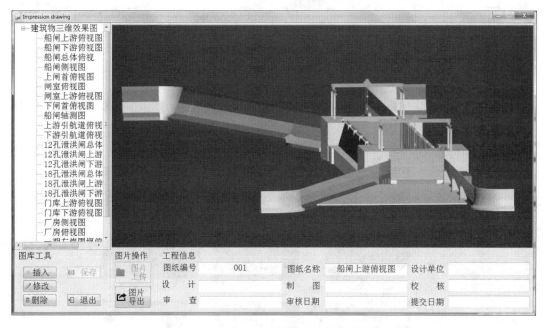

图 9-53 水工建筑物三维效果图展示窗体

工程电子图库提供当前图纸类型的导出与插入功能,点击 图片导出 按钮,弹出保存文件窗体,用户可以选择保存路径进行保存文件,如图 9-54 所示。在浏览图纸信息时,图片上传按钮为灰色,表示不可用状态,首先点击 插入 按钮,然后 图片上传 按钮可用,点击 图片上传 按钮,进入文件上传界面,选择相应的文件(.pdf 与.jpg/.png),点击打开 打开(O)

按钮,实现图纸保存入后台数据库中,同时更新图纸目录和工程信息,完成上传操作。上传操作具有永久性作用,用户在下次打开工程电子图库时,可以查阅到此次上传的图纸,为用户将纸质图纸转化为电子类图库提供工具,同时为多次查阅提供方便,如图 9 – 55 所示。

图 9 – 54　图纸导出界面图

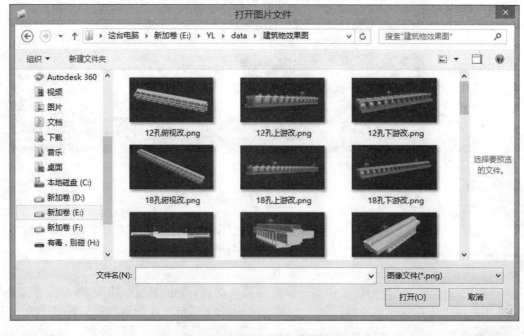

图 9 – 55　图纸文件上传界面图

在具体操作过程中,用户可参考位于系统界面上方的其他模块中的【导航】区的提示,完成工程电子图库的操作使用。

9.6　个性化报表定制

1. 操作区

个性化报表定制界面操作区分为报表种类选择区和报表操作区。

【报表种类选择】用于选择当前的报表类型,包括工程基本信息类、工程进度信息类、施工状态管理类、施工机械类、工程费用管理类、施工周月季报表、施工质量管理类、施工安全管理类,根据用户自定义选择报表类型查看。

【报表操作】用于显示当前选择类型的报表,包括报表目录区、查询条件、工具箱、报表显示区,用户可以根据帮助导航对报表进行交互式操作。

2. 操作说明

进入工程施工三维动态可视化管理界面,点击工程区标签的个性化报表定制,进入【报表种类选择】区,如图 9 - 56 所示。在【报表种类选择】区分成报表类型,分别点击 工程基本信息类 按钮、 工程进度信息类 按钮、 施工状态管理类 按钮、 施工机械类 按钮、 工程费用管理类 按钮、 施工周月季报表 按钮、 施工质量管理类 按钮、 施工安全管理类 按钮,进入各类型报表的【报表操作】区。以工程进度信息类报表为例,点击 工程进度信息类 按钮,进入工程进度信息类报表,包括报表目录区(①)、查询条件(②)、工具箱(③)、报表显示区(④),如图 9 - 57 所示。报表目录区(①)对应工程进度信息类报表中各种报表名称;查询工具(②)包括报表名称、报表时间、报表类型三个查询条件;工具箱(③)包括预览、删除、保存、更新的功能;报表显示区(④)利用 TabPage 控件分页功能,将工程进度信息类的报表进行分类,包括施工实际进度月报表、已完工程量总表、施工进度计划调整申请表、混凝土浇筑开仓报审表、施工设备进场报验单、材料进场报验单、单位工程施工质量报验单、事故报验单、延长工期申报表,通过 Panel 面板显示报表的具体内容信息。

图 9 - 56　个性化报表定制类型选择区界面图

进入工程进度信息类报表,点击报表目录区(①)的各个报表名称,报表显示区(④)将对应显示各个报表。报表系统也是信息展示窗体,可以通过 SQL 调取数据信息展示在报表

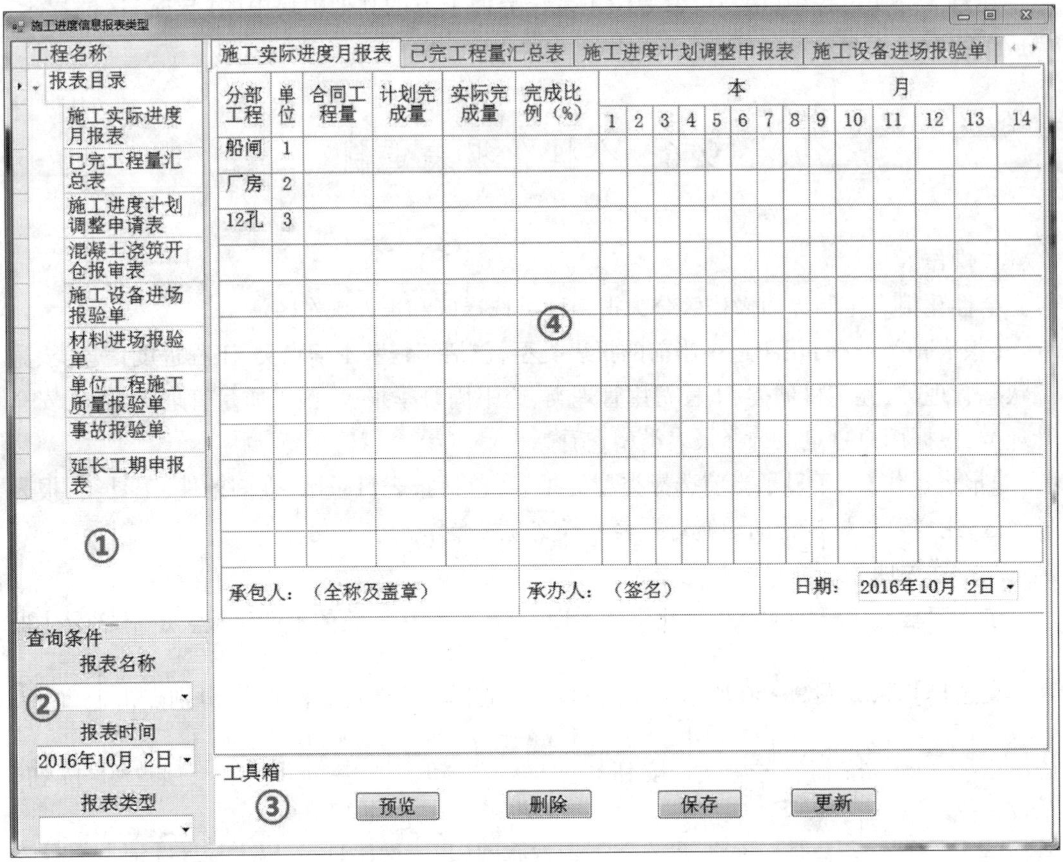

图 9 - 57　报表操作显示区

显示区(④)中,用户可以点击  报表名称 标签、  报表类型 标签、 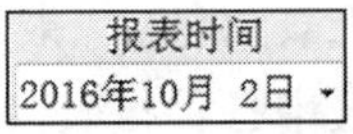 报表时间 2016年10月 2日 标签,选择查询条件对报表进行约束性选择。对于当前报表基本内容,一方面可以从数据库中调取相关信息,另一方面用户可以交互式修改和填写报表相关信息,点击  保存 按钮,系统自动将修改或填写的当前内容保存;然后点击  更新 按钮,将系统修改或填写的当前内容保存在后台数据库中,以备下次调用查看;点击  删除 按钮,可将当前报表永久性删除;点击  预览 按钮,弹出 EXCEL 报表模板,用户可以在 EXCEL 的基础上,进行修改、打印、保存等操作,如图 9 - 58 所示。

在具体操作过程中,用户可参考位于系统界面上方的其他模块中的【导航】区的提示,完成个性化报表定制的操作。

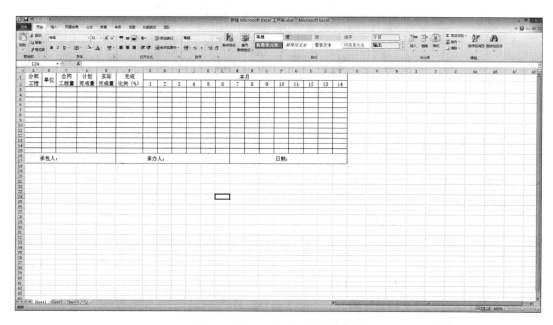

图 9 - 58　EXCEL 报表模板导出

参 考 文 献

[1] 李环寰.数字城市三维建模可视化技术研究与分析[D].合肥:合肥工业大学,2013.

[2] DU X,LIU Q. Mine fire simulation system based on MultiGen creator and vega, Ningbo, China[C]. IEEE Computer Society,2010.

[3] ZHOU M,WU J. Research on the construction methods of 3D models used in GIS by MultiGen Creator[J]. Chinese Journal of Scientific Instrument,2008,29(SUPPL. 2):468 –471.

[4] 主福洋.虚拟现实技术的现状及发展趋势[J].中国新通信,2012,20:37.

[5] 罗璇.基于 MultiGen Creator/Vega 的校园虚拟现实研究[J].计算机与数字工程,2012, 40(3):58 –60.

[6] 张俊艳.城市水安全综合评价理论与方法研究[D].天津:天津大学,2006.

[7] 李德仁.地理信息系统导论[M].北京:测绘出版社,1993.

[8] 陈述彭.地理系统与地理信息系统[J].地理学报,1991,46(1): 1 –7.

[9] MIACHAEL WORBOYS F. Object – oriented approaches to geo – referenced information [J]. International Journal of Geographic Information System,1994,8(4): 385 –399.

[10] LI R X. Data structure and application issues in 3D geographic information system[J]. Geomatics,1994,48(3): 209 –214.

[11] 陈朝辉,毛学文,轩云卿.Mapinfo 在中央防汛会商系统中的应用[C]// 1998 年水利枢 纽系统计算机研讨会论文集.海口,1998:122 –128.

[12] 肖卫国,陈伟豪,吕能辉.地理信息系统在珠江防汛会商系统中的应用[C]//1998 年 水利枢纽系统计算机研讨会论文集.海口,1998:129 –132.

[13] WONG K M,STRECKER E W,STRENSTROM M K. GIS to estimate storm – water pollution mass loadings[J]. Journal of Environment Engineering,ASCE,1997,123(8): 737 –745.

[14] MILES S B,HO C H. Applications and issues of GIS as tool for civil engineering modeling [J]. Journal of Computing in Civil Engineering,ASCE,1999,13(3): 144 –152.

[15] CHENG MINYUAN,YANG SHINCHING. GIS – based cost estimates integrating with material yout planning [J]. Journal of construction engineering and management, 2001, 127 (4): 291 –299.

[16] ZOUEIN P P,HARMANANI H,HAJAR A. Genetic algorithm for solving site layout problem with unequal – size and constrained facilities[J]. Journal of computer in civil engineering, 2002,16(2):143 –151.

[17] ZOUEIN P P,TOMMELEIN I D. Improvement algorithm for limited space scheduling[J]. Journal of construction engineering and management,2001,127(2):116 –124.

[18] TOMMELEIN I D,LEVITT R E,HAYES-ROTH B. Sightplan model for site layout[J]. Journal of construction engineering and management,1992,118(4):749 –766.

[19] TOMMELEIN I D,LEVITT R E,HAYES-ROTH B. Site – Layout modeling: How can

artificial intelligence help? [J]. Journal of construction engineering and management, 1992,118(3):594 – 611.

[20] AYMAN A. MORAD, YVAN J. Beliveau. Knowledge – Based planning system[J]. Journal of construction engineering and management, 1991, 117(1):1 – 12.

[21] EMAD ELBELTAGI, TAREK HEGAZY, ABDEL HADY HOSNY, et al. Schedule – dependent evolution of site layout planning[J]. Construction management and economics, 2001, 19:689 – 697.

[22] TOMMELEIN I D, ZOUEIN P P. Interactive dynamic layout planning [J]. Journal of construction engineering and management, ASCE, 1993, 119 (2):266 – 287.

[23] ZOUEIN, PIERRETTE P. MoveSchedule: A planning tool for scheduling space use on construction sites[D]. Dept. of Civil&Envir. Engrg. , University of Michigan, Ann Arbor, MI. ,1995.

[24] ANDREW D K. The role and functionality of GIS as a Planning Tool in Natural – resource Management[J]. Compt. Environ. and Urban Systems, 1995, 19(1):15 – 22.

[25] ZOUEIN P P, TOMMELEIN I D. MovePlan: allocating space during scheduling[C]. Proc. CIB92 World Bldg. Congress, Natl. Res. Council Ottawa, Canada, 1992:18 – 22.

[26] 胡志根,肖焕雄.水电施工设施系统布置方法研究[J].武汉水利电力大学学报,1995, 28(6): 652 – 657.

[27] 胡志根,肖焕雄. 砂石料料场开采顺序优化模型研究[J]. 水利水电技术,1993(10): 35 – 38.

[28] 胡志根,肖焕雄.施工系统中混凝土拌和工厂位置选择综合评价模型[J].水利学报, 1994(3): 26 – 32.

[29] 胡志根,肖焕雄.水电工程施工布置方案多目标模糊优选决策研究[J].水电站设计, 1997,13(2): 19 – 23.

[30] 邢琳涛,张建平.计算机图形系统在建筑施工中的应用[J].施工技术,1999,28(11): 13 – 14.

[31] 张建平,邢琳涛.建筑施工进度与场地布置计算机图形系统的实际应用[J].建筑科技 情报,1999(2): 29 – 33.

[32] 熊光楞. 先进仿真技术与仿真环境[M].北京:国防工业出版社,1997.

[33] 康凤举. 现代仿真技术及其应用[M].北京: 国防工业出版社,2001.

[34] HALPIN D H. CYCLONE – method for modeling job site processes[J]. J. Constr. Div. , ASCE,1977,103(3): 489 – 499.

[35] MOAVENZADEH F, MORKOW M J. Simulation model for tunnel construction costs[J]. J. Constr. Div. , ASCE,1976,102(1):51 – 66.

[36] CLEMMINS J P, Willenbrock J H. The SCRAPESIM computer simulation[J]. J. Constr. Div. , ASCE,1978,104(4):419 – 435.

[37] KAVANAGH D P. SIREN: A repetitive construction simulation model[J]. J. Constr. Engrg. and Mgmt. , ASCE,1985,111(3):308 – 323.

[38] HUANG R Y. Dynamic interface simulation for construction operations[D]. West Lafayette: Purdue University,1993.

[39] 钟登华,郑家祥,刘东海,等.可视化仿真技术及其应用[M].北京:中国水利枢纽出版社,2002.

[40] MARCUS SCHREYER, TIMO HARTMANN, MARTIN FISCHER, et al. CIFE iRoom XT design and use[M]. CIFE REPORT, december, 2002.

[41] MARTIN BETTS. Developing a Vision of nD – Enabled Construction[M]. Construct I. T. Centre of Excellence the National Network for the U K, 2003.

[42] 耿敬,郑天驹,李明伟,等.基于 GIS 的河道可视化及断面提取方法研究[J].黑龙江水利科技,2016,3:1 – 5.

[43] 郑天驹,耿敬,李明伟,等.松花江依佳河段浅区特性分析及航道整治工程研究[J].应用科技,2016,4:66 – 69.

[44] LI M W, HONG W C, GENG J, et al. Berth and quay crane coordinated scheduling using multi-objective chaos cloud particle swarm optimization algorithm[J]. Neural Computing & Applications, 2016(3):1 – 20.

[45] LI M W, GENG J, HONG W C, et al. A novel approach based on the Gauss-v SVR with a new hybrid evolutionary algorithm and input vector decision method for port throughput forecasting[J]. Neural Computing & Applications, 2016(6):1 – 20.

[46] LI M W, GENG J, HAN D F, et al. Ship motion prediction using dynamic seasonal Rv SVR with phase space reconstruction and the chaos adaptive efficient FOA[J]. Neurocomputing, 2015, 174:661 – 680.

[47] GENG J, LI M W, DONG Z H, et al. Port throughput forecasting by MARS – R SVR with chaotic simulated annealing particle swarm optimization algorithm[J]. Neurocomputing, 2015, 147:239 – 250.